「臉型分析」×自然彩妝術

定格圖解

「依據我多年彩妝教學經驗，認識自己臉型及五官比例，是學習化妝的首要，透過梶惠理子老師的『顏分析』，找到命定色、定位點，運用彩妝放大優點、修飾缺點，為你的彩妝之路打下完美基礎；《【定格圖解】臉型分析Ｘ自然彩妝術》是一本值得推薦的工具書。」

——彩妝維納斯／游絲棋

「內容淺顯易懂、掌握重點，很適合作為初學者第一本美妝書。我很喜歡彩妝色彩與穿搭技巧的內容，很實用更能幫助很多女孩少走冤枉路。」

——彩妝師 Kelly／陳寧慧

「這本實用化妝書帶你從了解自己五官特色來找到適合的化妝方式，幫助你打造凸顯五官優點和完美修飾的專屬妝容。」

——專業彩妝造型師／洪希寧

自序

大家好！我是美妝藝術師・美容系 YouTuber 梶惠里子

由衷地感謝大家對本書的厚愛！

雖然我在 YouTube 和 Instagram 上發布了各種關於化妝的技巧，

但仍收到許多來自粉絲的煩惱私訊，

「我不知道自己適合什麼妝」「老是畫一樣的妝，自己都看膩了」

「眉毛總是畫不好」「我覺得化妝好難喔……」等等。

為了解決各位的煩惱，我用最簡單且初學者也能懂的方式一一歸納在本書中。

介紹從打底到唇部的基礎妝、彩妝的畫法，

「梶惠里子化妝法」除了能遮蓋臉部缺點，更能加以活用。

化妝技巧固然重要，但最重要的還是認識自己的臉。

不過，並不是要你只看「我的單眼皮讓眼睛看起來好小」

「討厭的大餅臉」等消極面，

而是要去發現自己真正喜歡的部位才是至要關鍵。

這，即是專屬於你的特性。

書中的許多提案將有助於各位發揮專屬自己的特性，

且說明都非常簡單，希望本書能成為大家化妝的左右手，

並衷心期盼各位都能畫出像自己、適合自己的妝！

上衣／造型師的私人物品
首飾／enjoueel

004

CONTENTS

目次

推薦序 ⋯⋯⋯⋯⋯⋯⋯⋯ 003

自序 ⋯⋯⋯⋯⋯⋯⋯⋯ 002

Chapter1

找出真正適合自己妝容的方法

臉型分析×化妝重點

找到真正適合自己的妝 ⋯⋯⋯⋯⋯⋯⋯⋯ 013

KAJIERI'S MAKE POINT 1

自然彩妝術的5個重點

分析臉型、檢視自己的喜好 ⋯⋯⋯⋯⋯⋯⋯⋯ 014

仔細看看自己的臉 分析優點・缺點 ⋯⋯⋯⋯⋯⋯⋯⋯ 016

了解適合自己的妝 分析臉・五官檢視表 ⋯⋯⋯⋯⋯⋯⋯⋯ 018

CONTENTS

KAJIERI'S MAKE POINT 2

活用五官優點和缺點的化妝法

實錄！　找出適合自己的彩妝 ⋯⋯⋯⋯⋯⋯⋯⋯⋯⋯⋯ 020

⋯⋯⋯⋯⋯⋯⋯⋯⋯⋯⋯⋯⋯⋯⋯⋯⋯ 022

KAJIERI'S MAKE POINT 3

調整妝容色彩的平衡

化妝越畫越有趣！　代表色系的特徵 ⋯⋯⋯⋯⋯⋯⋯ 024

強調重點、選擇顏色　藉由深淺的增減、用色來改變化妝的氛圍 ⋯ 026

⋯⋯⋯⋯⋯⋯⋯⋯⋯⋯⋯⋯⋯⋯⋯⋯⋯ 027

KAJIERI'S MAKE POINT 4

善用彩妝品的質地混合不同質感

化完妝後的差別　代表彩妝質感的種類 ⋯⋯⋯⋯⋯⋯ 028

改變印象！　各種質感妝的比較 ⋯⋯⋯⋯⋯⋯⋯⋯⋯ 030

⋯⋯⋯⋯⋯⋯⋯⋯⋯⋯⋯⋯⋯⋯⋯⋯⋯ 031

KAJIERI'S MAKE POINT 5

善用彩妝工具，精準上色

配合部位分別使用　手指、刷筆、眼影棒的差別 ⋯⋯⋯ 032

溫馨提醒！　刷筆的種類 ⋯⋯⋯⋯⋯⋯⋯⋯⋯⋯⋯⋯ 034

⋯⋯⋯⋯⋯⋯⋯⋯⋯⋯⋯⋯⋯⋯⋯⋯⋯ 035

COLUMN 1　隨著心情和流行的變化

梶惠里子妝容變化大公開！ ……036

Chapter2

梶惠里子流 × 化妝的基礎

從飾底乳到唇彩，徹底解說所有步驟

順序正確就能成為美妝達人　基礎化妝流程 ……038

【調整肌膚使之滑順】

飾底乳

展現美麗肌膚　塗抹飾底乳的方法 ……040

一定要掌握住這點！ 飾底乳的基本 ……041 042

妝前校色霜

消彌膚色不均或暗沉

一定要掌握住這點！ 妝前校色霜的基本 ……044

改變膚色的不同煩惱　塗抹妝前校色霜的方法 ……045 046

【掌握臉部印象】

眉妝

一定要掌握住這點！ 眉妝的基本 ……060

眉彩餅＋染眉膏【基本篇1】蓬鬆柔和眉的畫法 ……061

眉筆＋眉彩餅【基本篇2】俐落立體眉的畫法 ……062

展現不同氛圍【應用篇】各種印象的眉妝畫法 ……064 066

請教我！ 梶繪里子老師！

眉妝的煩惱Q&A ……068

CONTENTS

隱藏痘疤和黑眼圈

遮瑕
一定要掌握住這點！ 遮瑕的基本 048 049
修飾肌膚問題【基本篇】 塗抹遮瑕膏的方法 050

完美肌膚的總成果 052

粉底
一定要掌握住這點！ 粉底的基本 053
校正膚色【基本篇】 塗抹粉底液的方法 054

定住妝容 056

蜜粉
一定要掌握住這點！ 蜜粉的基本&定妝方法 057

不同膚質 飾底乳×粉底的組合 058
想要擁有的不同膚質 粉底×蜜粉 梶繪里子推薦的組合

底妝的煩惱Q&A 請教我！梶繪里子老師！ 059

改變眼睛的印象

眼影
一定要掌握住這點！ 眼影的基本 070
畫出漂亮的層次【基本篇】 眼影的畫法 071 072
各種不同氛圍【應用篇】 眼影的畫法 074

明亮大眼！

睫毛夾
確實從根部向上夾 使用睫毛夾的方法 076 077

眼神UP！

眼線
一定要掌握住這點！ 眼線的基本&畫法 078 079
各種印象【應用篇】 眼線的畫法 080

讓眼睛更顯華麗

睫毛
一定要掌握住這點！ 睫毛膏的基本&刷法 082 083

【眼妝應用篇】 給惱於眼睛看起來疲倦的人

臥蠶妝
一定要掌握住這點！　臥蠶妝的基本

變成圓圓大眼
一定要掌握住這點！　臥蠶的畫法 ……… 084

臥蠶的畫法 ……… 085

小臉・優雅的效果超讚 ……… 086

陰影・打亮
不同臉型【應用篇】　陰影・打亮的方法 ……… 088

光線集中，光澤感UP！【基本篇】　打亮的方法 ……… 089

打造自然陰影變小臉【基本篇】　畫陰影的方法 ……… 090

陰影・打亮的基本 ……… 092

一定要掌握住這點！　陰影・打亮的基本 ……… 093

腮紅
隨著畫法的不同，印象也會改變

增加自然好氣色【基本篇】　刷腮紅餅・腮紅霜的方法 ……… 094

一定要掌握住這點！　腮紅的基本 ……… 095 096

COLUMN 2　完美妝容的關鍵
梶惠里子流　肌膚保養術 ……… 110

不同臉型【應用篇1】　刷腮紅的方法 ……… 097

各種不同氛圍【應用篇2】　刷腮紅的方法 ……… 098

眼妝・打陰影・腮紅的煩惱Q&A
請教我！　梶繪里子老師！ ……… 100

唇部
塗抹後增添華麗感

用唇妝的塗法就能做到　縮短人中的技巧 ……… 102

變身想要的唇形吧！【應用篇】　唇妝的塗法 ……… 104

展現豐盈的嘟嘟唇【基本篇】　塗抹唇膏的方法 ……… 105

一定要掌握住這點！　唇妝的基本 ……… 106

唇妝的煩惱Q&A
請教我！　梶繪里子老師！ ……… 108 109

CONTENTS

Chapter 3

粉紅色、橘色、棕色等顏色的使用方法

人氣彩妝顏色 × 穿搭關鍵技巧

大人的可愛粉紅彩妝 114

粉紅彩妝・技巧
柔和的眉毛和腮紅，無敵可愛

推薦給粉紅色彩妝的穿搭建議 117
彩妝更耀眼奪目，時尚度UP！

甜美好印象的橘色彩妝 120

橘色彩妝・技巧
自然光澤感 x 粗眉變休閒

推薦給橘色彩妝的穿搭建議 123
彩妝更耀眼奪目，時尚度UP！

高雅穩重印象的大地色彩妝 126

大地色彩妝・技巧
關鍵是有對比的陰影

推薦給大地色彩妝的穿搭建議 129
彩妝更耀眼奪目，時尚度UP！

COLUMN 3 長時間舒服地使用
清洗刷具的方法 130

Chapter4

活用五官優點 × 畫出自信的化妝術

圓臉、單眼皮……etc. 修飾、活用臉部煩惱

活用單眼皮彩妝術 ……132
打造單眼皮專有的慵懶性感
隱藏單眼皮的彩妝術 ……134
脫離腫泡眼或寂寞的印象
活用圓臉彩妝術 ……136
強調圓臉，讓可愛感UP
修飾圓臉的彩妝術 ……138
豐腴的輪廓，將稚氣變「氣質」
COLUMN4 梶惠里子流 補妝的方法 ……148
毛細孔、眼睛、腮紅的3個重點
COLUMN5 梶惠里子流 卸妝的方法 ……150
不用力摩擦肌膚，溶解卸妝乳

活用寬眼距彩妝術 ……140
重點放在眼尾
修飾寬眼距的彩妝術 ……142
讓五官往臉的中心集中
活用肉肉蒜頭鼻的彩妝術 ……144
活用圓鼻呈現溫柔氛圍
修飾肉肉蒜頭鼻的彩妝術 ……146
想要有堅挺的鼻子
COLUMN6 梶惠里子 彩妝愛用品大公開！ ……152
愛不釋手！每天都用！
不可不知！彩妝用語解說集 ……154

後記 ……156

※本書中的資訊為2022年1月當時的資料。尚請諒解。

找出真正適合自己妝容的方法

臉型分析
×
化妝重點

本章節將介紹我時常銘記掛在心裡的化妝重點。

妝容會因個人的臉型、五官位置、整體均衡而改變。

因此，首要關鍵就是確實做到分析自己的臉型。

掌握自己的優、缺點，再去追求能融合各種魅力的妝，

才是發現真正適合自己妝容的捷徑。

KAJIERI'S MAKE

POINT

5

找到真正適合自己的妝

自然彩妝術的 5 個重點

1 ＞ 分析臉型、檢視自己的喜好

2 ＞ 強調五官的優點、遮掩缺點的妝容

3 ＞ 調整膚色及彩妝顏色的平衡

4 ＞ 善用彩妝品的質地，混合不同質感

5 ＞ 選對化妝品及工具，精準上妝

為畫出完美妝容，請記住以下五大重點。

己臉型的特徵、發現適合自己臉型的妝、檢視自己使用化妝品。

想要把妝畫好，並不是用了人氣化妝品就做得到的，重要的是要百分之百掌握自

依賴化妝品的聲音。

此外也常聽到「只要用了這化妝品就能畫得好看」「只要擦了它就會變得更可愛」等

一樣的化妝品，還是畫不出跟她一樣漂亮的妝」等等，化妝的煩惱真是應有盡有啊！

「總是畫得不好看」「我不懂什麼叫適合自己的妝」「已經用了跟我喜歡的模特兒

分析臉型、檢視自己的喜好

我想，大家應該每天都會照鏡子看看自己的臉吧！看來看去是不是覺得自己的五官沒什麼問題呢？因此，為了瞭解自己的五官魅力以及適合的化妝類型，首先，就從確實分析自己的臉開始吧！

首先，大鏡子和小鏡子一起用，除了照整張臉，更要滴水不漏地照到每個微小的地方。接著，將自認為自卑的地方（缺點）和自己喜歡的地方（優點）找出來。這時，不僅是放大「臉圓很自卑」、「雙眼皮是優點」；此外，還要看「下巴線條是圓是尖的」、「雙眼皮的寬度」等細部才是分析自己五官的重點。

不過，有的人會找到自己很多的缺點卻找不出一個優點。若遇到這種情況時，聽聽旁人的意見也是個方法。這麼一來你會發現自己從不知道的迷人之處。參考P18的分析表，仔細地看看自己的臉吧！

另一個重點則是檢視自己的喜好。請回想一下自己喜歡什麼類型的妝容和顏色呢？

妳可以試著將喜歡的顏色、喜歡的藝人妝容、喜歡的彩妝品牌一一列舉出來。如果妳不知道喜歡的是什麼顏色或是彩妝類型，那麼將目前手邊的化妝品拿出來比較，就可以知道自己偏好的顏色、質感等視覺化之後就容易明白喜歡什麼類型的了。

此外，還有一個方法就是將自己喜歡的妝容照片放在手機裡面分門別類管理。像這樣分門別類也能找出共通點，更容易知道自己想要的彩妝方向。

只要做到仔細觀察自己的臉、分析臉型，五官及檢視自己喜好，化妝的類型多元了，便能享受各種妝容的樂趣。

仔細看看自己的臉
分析優點・缺點

參考我的
檢視方法唷

〈正面〉

梶惠里子
的臉……

〈側面〉

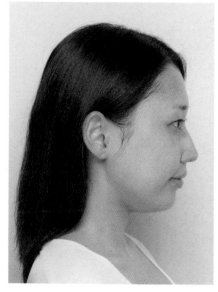

自卑的地方（缺點）	自己喜歡的地方（優點）
・鼻翼看得到毛細孔 ・眉毛稀疏又硬 ・眼睛下方暗沉 ・薄上唇（一笑就不見） ・鼻頭圓，一笑更顯大 ・肉餅臉 ・眼睛寬度較窄 ・從側面看額頭是平的　　　　　等	・皮膚薄、容易呈現透明感 ・睫毛很長 ・不須戴有色隱形眼鏡，眼球就是咖啡色的了 ・嘴唇緊實，沒有縱向細紋 ・鼻樑高 ・兩眼之間的距離剛好 ・額頭寬　　　　　　　　　　等

參考我的臉並列舉出檢視項目。
從膚質到眼睛的寬幅、額頭的形狀，重點在於檢視自己五官的優缺點。

檢視喜好

手邊彩妝品的顏色

把彩妝品
拍下來也OK！

常用的重點彩妝品顏色

☑粉紅色　　☑粉米色
☐玫瑰色　　☐杏色
☐橘色
☑橘黃色
☑自然棕
☐其他（　　　　　　　　　）

經常使用的彩妝品品牌

喜歡自然色系的自然妝。
NARS、倩碧、
LUNASOL、RMK

喜歡的化妝類型

☑可愛型　　☑健康型
☑美麗型　　☐冷酷型
☑性感型　　☐韓國風

喜歡什麼樣的妝？

・自然的小姐姐妝
・有光澤感健康型的妝

檢視項目

〈正面〉

1. 【臉型】
☐圓形　☑長形　☐本壘板形　☐倒三角形　☐菱形

2. 【臉的立體感】
☐立體的　☑平面的

3. 【額頭的形狀、寬窄】
☐寬的　☐窄的　☐有點圓　☑偏四角形

4. 【膚質】
☐乾燥肌　☑油性肌　☑混合肌
☐普通肌　☑皮膚薄　☐皮膚厚

5. 【眉毛濃疏、形狀】
☐濃　☑稀疏　☐眉型（　　　　　　）

6. 【眼睛的大小、寬高、形狀】
☐大　　☐小　　☑雙眼皮　☐單眼皮　☐內雙
☐眼睛的高度夠　☐眼睛的寬度夠
☐眼睛垂　☐貓眼　☐杏眼

7. 【眼距】
☐寬　☐窄　☑普通

8. 【眼球的顏色】
☐黑色　☑略帶棕色系　☐其他（　　　　　）

9. 【眼周的暗沉】
☐鬆弛　☑黑眼圈　☐帶點紅

10.【鼻子的高度】
☑高　☐低　☐普通

11.【鼻子的形狀】
☐小鼻　☐大鼻　☑鼻頭圓　☐鼻頭尖

12.【毛細孔】
☑在意張開的毛細孔　☐在意黑頭粉刺
☐在意鬆弛的毛細孔　☐其他（　　　　　　）

13.【人中的長度】※人中=參考P108
☑長　☐短　☐普通

14.【唇形】
☐大　☑小　☐上下唇都薄　☐上下唇都厚
☑上唇薄　☐下唇薄　☐上唇厚
☑下唇厚　☐鴨子嘴

15.【唇周】
☑在意嘴角暗沉　☐在意下垂
☐其他（　　　　　）

16.【肉餅臉】
☑臉部中央（眉毛下方到人中）很寬　☐嘴唇下方到下巴很寬
☐嘴唇下方到下巴很窄　☐臉頰很寬

〈側面〉

17.【在意側臉的地方】
☐額頭的型狀　☑臉的長度
☐鼻子的高度　☑下巴的形狀

分析臉・五官檢視表

確實際記錄下來吧！

檢視自己的臉

〈正面〉

〈側面〉

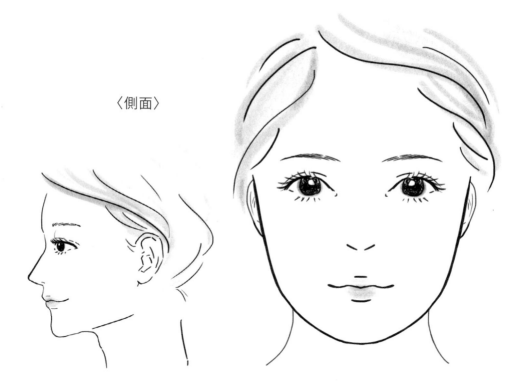

自卑的地方（缺點）

memo

自己喜歡的地方（優點）

memo

利用這張表，仔細檢視一下自己的臉及喜好吧！除了正面也要觀察側面，
重要的是——將自己的優點和缺點仔細檢視出來。

檢視喜好

手邊化妝品的顏色

memo

常用的重點化妝品顏色

□粉紅色　□粉米色
□玫瑰色　□杏色
□橘色
□橘黃色
□自然棕
□其他(　　　　　　　)

經常使用的化妝品品牌

memo

喜歡的化妝類型

□可愛型　□健康型
□美麗型　□冷酷型
□性感型　□韓國風

喜歡什麼樣的妝？

memo

檢視項目

〈正面〉

1. 【臉型】
　□圓形　□長形　□本壘板形　□倒三角形　□菱形

2. 【臉的立體感】
　□立體的　□平面的

3. 【額頭的形狀、寬窄】
　□寬的　□窄的　□有點圓　□偏四角形

4. 【膚質】
　□乾燥肌　□油性肌　□混合肌
　□普通肌　□皮膚薄　□皮膚厚

5. 【眉毛濃疏、形狀】
　□濃　□稀疏　□眉型(　　　　　　　)

6. 【眼睛的大小、長寬、形狀】
　□大　□小　□雙眼皮　□單眼皮　□內雙
　□眼睛的高度夠　□眼睛的寬度夠
　□眼睛垂　□貓眼　□杏眼

7. 【眼距】
　□寬　□窄　□普通

8. 【眼球的顏色】
　□黑色　□略帶棕色系　□其他(　　　　　　)

9. 【眼周的暗沉】
　□鬆弛　□黑眼圈　□帶點紅

10. 【鼻子的高度】
　□高　□低　□普通

11. 【鼻子的形狀】
　□小鼻　□大鼻　□鼻頭圓　□鼻頭尖

12. 【毛細孔】
　□在意張開的毛細孔　□在意黑頭粉刺
　□在意鬆弛的毛細孔　□其他(　　　　　)

13. 【人中的長度】※人中=參考P108
　□長　□短　□普通

14. 【唇形】
　□大　□小　□上下唇都薄　□上下唇都厚
　□上唇薄　□下唇薄　□上唇厚
　□下唇厚　□鴨子嘴

15. 【唇周】
　□在意嘴角暗沉　□在意下垂　□其他(

16. 【肉餅臉】
　□臉部中央（眉毛下方到人中）很寬
　□嘴唇下方到下巴很長
　□嘴唇下方到下巴很窄　□臉頰很寬

〈側面〉

17. 【在意側臉的地方】
　□額頭的型狀　□臉的長度　□鼻子的高度　□下巴的形

活用五官優點和缺點的化妝法

2

若已在POINT1找出自己臉部優缺點的話，接著就活用這些優缺點來化妝吧！如此一來，便能提升自己的魅力，畫出更適合自己的妝了。這裡要提醒大家不要只專注在自己的缺點上。

例如，很在意自己的臉圓，化妝時的腮紅就縱向刷、用修容餅畫出陰影，雖然並沒有不對，可是一味地只看向自己缺點的妝，與其說是適合的妝，不如說只是將缺點掩蓋的妝。而過度地認為「必須將缺點隱藏起來」，也太矯枉過正了……。

適合自己的妝容重點不僅僅是遮住缺點，也要展現自己的優點。這麼一來就能活用臉上各部位畫出自然且不過度掩飾的妝了。

如果是圓臉，就活用圓的部位，大大地縱向刷眼影營造惹人憐愛感，臉頰中央刷圓型腮紅，呈現出夢幻又可愛的魅力，就是適合自己的自然妝。

不要太專注在缺點上，多看看自己的優點吧！

無論是優點還是缺點都能瞭若指掌，化妝這件事就會變得令人開心，動機提升了，化妝的類型就更多元了。

實錄！找出適合自己的彩妝

以在POINT1找出自己優缺點為基礎來遮掩缺點的同時，
實際畫出了活用自己喜歡的妝容！

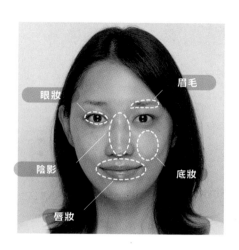

優點
- 皮膚薄，容易呈現透明感
- 睫毛很長
- 嘴唇緊實，沒有縱向細紋
- 鼻樑高
- 兩眼之間的距離剛好

缺點
- 鼻翼看得到毛細孔
- 眉毛稀疏又硬
- 眼睛下方暗沉
- 上唇薄
- 鼻頭圓
- 眼睛寬度較窄

活用臉部優點，在意的部位這樣遮！

遮住 缺點 的重點

底妝
利用粉底或遮瑕膏來遮掩毛細孔或黑斑。

眉毛
因為沒有眉尾，就變成清秀美人眉。

眼妝
眼影橫長著刷、眼線拉長，眼睛的寬度就有了。

唇妝
上唇畫超出唇線以增加飽滿度。

活用 優點 的方法

底妝
因為皮膚較薄，用粉底打造透明感以呈現自然光澤感。

睫毛
睫毛原本就長，可用增長型睫毛膏來補強。

陰影
鼻子較挺，從眉毛下方到鼻根加入陰影以凸顯較高的鼻樑。

好印象的自然透明妝感完成了！

透明裸妝感是活用自身的膚質，而令人在意的臉部輪廓線條則是以腮紅
或是修容餅來修飾。最後再以橙棕色系眼影呈現自然大眼。

〈我用過的化妝品〉

a：TIME SECRET MINERAL PRIMER BASE PINK／msh
b：肌膚友善礦物雙色遮瑕膏／24h cosme
c：煥顏氣墊粉餅，#1N1／LAURA MERCIER JAPAN
d：裸光蜜粉餅N 5894／NARS JAPAN
e：3D造型眉彩餅 EX-5／KATE
f：dejavu就是自然輕盈眉彩膏BROWN／IMJU
g：裸色深邃眼影，#SR03時尚暖棕／EXCEL
h：B IDOL Love Lash 睫毛膏，#04／KANALABO
i：激細滑順眼線膠筆，#07紅褐色／CANMAKE
j：日本Jelsis x Kajieri四合一彩妝盤眉粉高光鼻影修容／Jelsis
k：迷戀輕吻豐唇露，#0707／BOBBIBROWN
l：超激光腮紅，#HASHED TONE／MAC

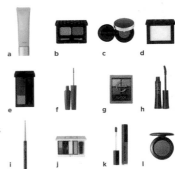

3

調整妝容色彩的平衡

化妝最有趣的地方就是可以嘗試各種顏色。不同的顏色能變換成可愛風或是小姊姊氛圍，每當有新產品上市，我都會買來試試看，敝徉在各種妝容的樂趣中。

另一方面，要是彩妝顏色用的不平衡就會變得俗氣。最常見的就是過度強調眼妝、腮紅和口紅，一照鏡子就明顯看得出來畫了一個大濃妝！

眼影、腮紅等用色最重要的是平衡。化妝不是層層堆疊顏色，更不是以同樣手法上妝，要是這麼做當然會畫成濃妝。為避免畫成濃妝，化妝時除了考量整體的平衡，關鍵就在減法。

若是強調口紅的妝，眼妝就要淡，完成眼影和腮紅之後，口紅則選用裸色系，如此一來，臉部就會因顏色的平衡而顯得時尚了。

此外，在眼影部分，若是眼尾濃、眼頭淡強調眼睛寬度的妝，搭配臉上各部位彩妝的加法或是減法也能產生陰影而呈現出立體感。

整個臉部以及五官顏色的平衡，就是更貼近適合自己妝容的至要關鍵。

代表色系的特徵

化妝使用的顏色，大致可分暖色系和冷色系。
只要掌握住各個色彩印象，那麼就不難處理色彩平衡，帶來自然時尚氣質的魅力。

	顏色	色彩印象	代表的化妝品	梶惠里子的使用方法
暖色系	粉紅色	可愛、天真、甜美、鄰家女孩	眉筆、眼影、腮紅、口紅	可用於全臉也可部分使用的萬用色。或是用在五官上也ＯＫ。當眼睛是煙燻色調的時候，口紅和腮紅就以粉紅色來呈現柔美氛圍。
	紅色	熱情、豔麗、成熟	眉筆、眼影、腮紅、口紅	想強調某個五官、或是想展現成熟女性的一面時。想要精明能幹的印象就選朱紅色，想要撫媚示人就選玫瑰紅。
	橘色	健康、活力的印象	眉筆、眼影、腮紅、口紅	明亮的、暗色系的等，可隨著季節而改變色調，整年都能使用。霜狀及凝膠狀能呈現光澤感，健康活力度ＵＰ。
	自然棕	沉穩的印象、舒服	眉筆、眼影、腮紅、口紅	和任何顏色都能搭，是相當時尚的萬用色。也不需顧慮到和其他化妝品一起使用時的整體平衡感。
	金色	華麗、奢華	眼影（亮片珠光）、口紅、打亮	特別想在能妝扮華麗的節日多的季節時使用。建議以堆疊的方式塗抹。一旦用太多就顯庸俗，因此，用量和範圍要多加留意。
冷色系	綠色	爽朗、清新	眼影、睫毛膏、眼線	綠色系的穿著搭配綠色系的睫毛膏，完美呈現出自然時尚氣質，瞬間成為美妝達人。
	藍色	冷靜、酷	眼影、睫毛膏、眼線	在想清涼示人的夏天使用。建議眼影的話用在眼尾和下眼瞼！和帶有白或藍的粉色系時尚打扮也很搭。
	銀色	虛幻、優雅	眼影（霧面珠光）、口紅（閃耀光）、打亮（亮片珠光）	堆疊使用能提升透明感，建議部分使用即可。用量太多看起來會太刺眼，範圍和用量都要留意。
	灰色	洗鍊性感、男性化	眼影、睫毛膏、眼線、眉妝	想要俐落不做作、眼睛炯炯有神時，建議使用灰色的眼線。沒黑色那麼強烈、又比棕色清晰，整體呈現自然時尚感。

強調重點、選擇顏色

藉由深淺的增減、用色來改變化妝的氛圍

要強調某個部位，可以用不同顏色做為主色，
化妝的氛圍都會有180度的改變。

強調口紅的
小姊姊妝

以紅色口紅為主角的小姊姊妝。先塗抹無光
澤的口紅後，再用唇筆和棉花棒將顏色暈開。
眼妝刷上淡淡的自然棕，但眉毛顏色要濃，
才能呈現整體的均衡。

強調眼影妝的
豔麗運動風

呈現氣色佳、顏色偏紅且宛如火燒般的玫瑰
棕色系眼影為主角的妝容。最後再以含有霧
面珠光的紫棕色畫在眼尾用以強調眼神。口
紅則建議塗抹淡色的唇彩。

橘色系為主體的
性感健美妝

抹上橘色的無光澤系口紅，提升健康開朗的
形象。以倒三角形的方式將珊瑚橘的腮紅刷
在眼睛下方，增加明亮度及性感魅力。

粉色系為主體的
少女妝

輕輕地刷上亮色偏藍的粉紅色腮紅，憐愛程
度上升。口紅也配合腮紅使用裸色無光澤質
感的玫瑰粉，純真無邪氛圍立現。

善用彩妝品的質地混合不同質感

你是否常在化妝或是購買化妝品時聽到「質感」這兩個字？所謂質感指的是觸覺、塗抹在肌膚上的舒適感，以及從化妝品表面感受到的質地。通常會用到的詞彙有「光澤」「無光澤」「亮片珠光」「霧面珠光」「透明感」，如果能完美區分這些質感，那麼你的妝將更加簡潔明確。

在 P30 將詳細解說各種質感，敬請參閱。質感會因不同的化妝技巧呈現不一樣的季節感和氛圍。舉例來說，當有光澤感的底妝加上珠光感的眼影，就會呈現春夏般的舒爽妝容；而無光澤質感的粉底加上透明感的口紅，就會呈現秋冬般的雅緻妝容。

請大家注意的是，不要因為用了無光澤底妝，就連眼影、口紅也都用無光澤的。全部都是同一質感的話，臉看起來就不立體且給人老氣的印象。無光澤 x 透明、光澤 x 乳霜，混合不同的質感正是讓妝容看起來時髦的關鍵。自然地取得平衡便完成時尚氣質妝。

與 POINT 3「調整妝容色彩的平衡」一樣，質感也不能全以相同份量塗抹，

重要的是要搭配想要強調的部位或是想要的氛圍去選擇塗抹的位置。

不僅是顏色，時常將質感掛記於心，隨著季節改變質感、改變印象，更能增加化

出適合自己妝容的樂趣。

代表彩妝質感的種類

這裡將介紹代表質感的種類。
掌握各個特徵，配合自己的膚質、季節選擇化妝品吧！

	質感	特徵	代表的化妝品種類	建議重點
光澤		完妝後接近素顏的透明感。滋潤有彈性。給人清新可愛的印象。	**妝前乳、粉底、眼影、口紅**	大部分化妝品都有添加滋潤成分，建議乾燥肌的人使用。給人亮麗健康的印象，相當活躍於春夏妝容上。
無光澤		皮膚不再凹凸不平，完妝後呈現如陶器般的潤滑。特徵是與皮膚的貼合度高。給人優雅成熟的印象。	**妝前乳、粉底、眼影、口紅**	完妝後呈現酷、沉穩的氛圍，職場或是正式場合都適用。
亮片珠光		特點是優雅且閃閃動人。想要增添自然透明感時，用了它更顯雅緻。	**妝前乳、粉底、眼影、腮紅、口紅**	適合任何膚質、任何氛圍妝容的萬能色。上班、約會都OK。
透明		具有透明感的淡淡的紅。特徵是能呈現自然氣色，建議用在眼影和口紅。	**眼影、腮紅、口紅**	推薦想活用自己原來膚質的自然妝使用。不過於搶眼又有透明感，色彩呈現度適中。
霧面珠光		閃亮耀眼，瞬間提升華麗氛圍。能使皮膚亮度提高一個色調。	**眼影、腮紅、口紅**	用在眼睛給人潤澤性感印像，霧面珠光口紅則會呈現透明感。推薦華麗場合使用。
凝膠		水潤Q彈的質地，比乳霜清爽。呈現濕潤的光澤感。	**眼影、腮紅、口紅**	任何季節都能使用。完妝呈現滋潤光澤感，也可用在略帶成熟的妝容上。
乳霜		少量即有很好的延展性，與皮膚的貼合度佳。若是影影，可當作粉餅的底妝使用。	**妝前乳、粉底、眼影、腮紅、口紅**	相當滋潤，建議秋冬的乾燥季節使用。完妝後呈現滋潤感。

改變印象！

各種質感妝的比較

質感變了，妝容的氛圍也跟著改變，也能呈現季節感。
在適當場合挑選不同質感使用吧！

成熟無光澤妝

底妝使用滋潤且與皮膚貼合度佳的無光澤系產品，能使皮膚更顯潤滑。透明感的口紅增添光透質感。

可愛系光澤妝

提升透明感的底妝呈現光澤感，眼妝用亮片珠光、腮紅用無光澤，整體呈現柔美質感。

霧面肌x透明感

秋冬妝

秋冬的霧面肌給人沉穩的印象。重點妝則以透明感和乳霜呈現恰如其分的滋潤感。

光澤x亮片珠光

春夏妝

建議春夏畫帶有透明感的健美妝。混合光澤感、亮片珠光、霧面珠光的亮麗妝容。

善用彩妝工具，精準上色

各位是否曾有過這種情況，眼影、腮紅等的顏色看起來很可愛，可是一抹上，顏色卻很醜沒有看起來的那麼好看……，不然就是很濃……？通常都是因為沒有正確使用化妝工具所導致。

化妝使用的工具種類繁多，我化妝重點重視的是「手指」「刷筆」「眼影棒」。依部位和想要的妝容正確使用這3樣工具，才是接近適合自己妝容的重點。可從P34看出分別以「手指」「刷筆」「眼影棒」刷上相同的眼影呈現出的顏色及不同陰影畫法的差別。

化妝初學者最常犯的就是什麼都用手指塗抹。他們認為手指比較能與皮膚貼合且容易上妝，但事實上，卻容易因為顏色過濃而出現濃淡不均，最難的就是畫陰影。此外，也會因自己的體溫使得粉和乳霜溶解，比較細小的部位就變得粗糙因此不建議使用。

想要畫陰影或是不想出現色差時，使用刷筆就能畫出美美的妝容。刷筆的種類多，不同部位就有不同的刷子，而且刷筆是配合五官部位製作而成，刷在臉上非常輕柔舒

服，粉也不會亂飛，容易在眼影上做出自然層次。另外，眼影棒用在眼睛等比較纖細的部位刷起來也很舒服，能精準上色。

因此，若能確實分開使用「手指」「刷筆」「眼影棒」這3種工具，就能畫出妳理想中的妝，也容易呈現顏色的平衡和質感。

即使是顏色相同的眼影，但塗抹方式依工具而異。
想要怎麼畫、用什麼抹，分別使用就顯得很重要了。

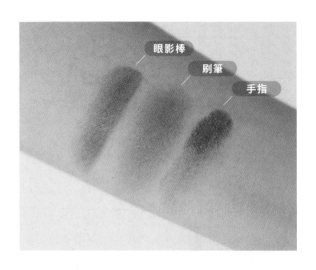

手指
塗抹的地方顏色會濃一點，
但向外推開後又不均勻，
對初學者來說很難。

刷筆
顏色柔和且均等，
是最容易上色的工具。

眼影棒
塗抹後的顏色較深，
建議淺色眼影或是想要
有畫龍點睛效果時使用。

用眼影棒塗

附在眼影盒裡的眼影棒，彈性和質感都不同，也因為眼皮比較薄，建議盡量使用有彈性且柔軟的眼影棒。

Tips：
能畫出又濃又直的線條。建議用在眼尾或是眼頭等塗抹出畫龍點睛效果。因為容易沾粉，塗抹前先用面紙壓去多餘的粉後再刷上。

用刷筆刷

追求顏色自然、有質感的話，建議使用天然毛刷。請選擇毛質柔軟、不會亂飛粉的毛刷。使用後要用面紙擦乾淨。

Tips：
不會有色塊，而且能薄薄地滑順地將顏色均衡地刷上。也能輕鬆刷出層次感。只是，刷筆的種類繁多，要分開使用是有點難。

用手指抹

以中指或是無名指輕壓。太用力會傷到眼皮，因此塗抹時切勿來回摩擦。

Tips：
建議想要濃一點或是乳霜狀眼影可用手指抹，因為這方法較容易服貼在眼皮上。而且也能將想要強調的顏色完美地暈開。不過，也容易有顏色濃淡不一的情形。

034

溫馨提醒！ 刷筆的種類

按照用途的不同，刷毛的長度、密度也不同，配合你想要的妝容來選擇刷筆吧！只要正確使用刷筆，顏色就能服貼地上色，也能預防顏色不均的問題。

鼻影刷

此刷筆的特色是刷毛比眼影刷毛長。毛長且柔軟的刷筆，較容易刷出均勻的自然陰影。

Enamor 鼻影刷04／熊野筆刷具

眼影刷

使用眼影專用刷筆會比眼影盤裡附的刷子更能刷出美麗質感。刷毛越長，顏色越柔美；刷毛越短，顏色越深。建議依自己喜歡的效果來選擇刷筆類型。

長毛：刷基礎色
短毛：刷重點色

（右）Enamor 眼影刷05／熊野筆刷具 （左）Enamor 眼影刷03／熊野筆刷具

眉刷

適合用眉刷沾取眉粉。如果你的眉型較寬且濃，即便是初學者也容易上手。

Enamor 斜角眉刷07／熊野筆刷具

毛刷品質是人造毛好？還是天然毛好？

馬毛、山羊毛等天然毛的特徵是柔軟、自然的質感，但價格略高。相反的，聚酯纖維類等的人造毛，雖然價格親民容易入手，但使用壽命不長。請選擇1枝自己用起來順手的刷筆，能畫出更完美，適合自己風格的妝容！

（右）螺旋雙頭眉刷／Ｒｏｓｙ Rosa
（左）Enamor 眉刷07／熊野筆刷具

腮紅刷

選擇毛量密度高的刷筆，皮膚觸感柔和，含粉量適中。請注意，若是刷筆毛量稀疏，刷起來會有顏色不均的情形產生。

Enamor 腮紅刷01／熊野筆刷具

打亮・修容刷

因為是刷在顴骨、下巴、眼睛下方等處，建議使用毛質柔軟的大毛刷。刷毛的前端成弧形，粉能均勻地刷上且有羽毛般的質感。

SS1-3 打亮・修容刷／熊野筆刷具

\ 隨著心情和流行的變化 /

梶惠里子妝容變化大公開！

化妝會隨著時代變遷而有不同的流行趨勢，
順應時代潮流以及自己的心情去嘗試使用想畫的顏色，也是一種樂趣。
這裡將公開我自20多歲到最近的妝容變化！

2016年左右（24歲）

還有一點學生時代的辣妹風。剛開始經營YouTube的一個新時期開始。那時的化妝特徵是畫黑眼線，讓眼睛看起來有神。

- 眼影是棕色系
- 眼線是用黑色眼線筆強調眼睛
- 睫毛膏也是用濃密型強調眼睛
- 腮紅刷在外側，展現熟女風
- 口紅多用裸色系

2017年左右（25歲）

這時不論是服裝還是化妝都偏好淑女風格。迷上強調眼睫毛的Dolly妝，當時是彩色睫毛膏、彩色眼線開始流行的時期，大玩色彩。

- 眼睛是珊瑚色系
- 眼線是深棕色
- 睫毛膏是纖長型
- 腮紅、唇妝是當時流行的珊瑚橘色系
- 打造時尚魅力肌

2019年左右（26～27歲）

公事、私事紛雜的時期。原來精神狀況不好時，會想把眼妝化濃一點（笑）。肌膚也從光澤變成無光澤。經常抹紅色口紅。

- 眉毛又粗又濃的嚴肅樣貌
- 眼睛偏愛煙燻系
- 口紅是紅色和朱紅色系
- 因肌膚無光澤，好像沒什麼缺點

2021年左右（28～29歲）

結婚、懷孕。神情變得穩重的同時也愛上成熟嫵媚妝容。用色上較保守並加強護膚，肌膚也變漂亮了。

- 目標是健康的膚色
- 活用原本膚質，粉底抹薄薄的
- 眼線也只畫眼尾
- 睫毛膏用棕色系打造透明感
- 口紅是粉棕色和粉裸色

從飾底乳到唇彩，徹底解說所有步驟

梶惠里子流

×

化妝的基礎

如果你化妝老是沒進步……。總是千篇一律的妝容……。
有這樣煩惱的人，很可能是弄錯了化妝的基礎。首先，從飾底乳到口紅，
選擇適合自己的，進而掌握塗、抹、刷的技巧吧！
按基本塗抹方法來介紹想擁有的氛圍、不同臉型的塗抹方法和技巧，
那麼，就能化解千篇一律的感覺！

makeup basics

基礎化妝流程

STEP2
眉妝 ◀

眉毛決定一個人的印象。眼妝扮演的角色就是讓眼睛看起來放大並展現華麗氛圍。輕柔地在眼睛上畫出完美眼妝吧！

STEP1
基礎妝

基礎妝就是化妝的地基。修補面皰、黑眼圈、修飾肌膚色澤不均等問題，打造完美的無瑕膚質。

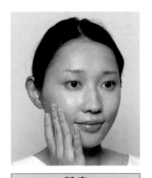

眉筆
畫出眉型

ˇ

飾底乳
使肌膚質地滑順

ˇ

粉底
調整膚質和膚色

ˇ

眼影
使眼睛更顯華麗

ˇ

妝前校色霜
校正肌膚暗沉

ˇ

睫毛夾
使眼睛更顯明亮

蜜粉
定住粉底

遮瑕膏
掩飾煩人的瑕疵

從想要強調的腮紅和唇妝開始，哪個先塗都ＯＫ！

掌握到化妝流程，就能發現完妝後的差異

或許有很多人會覺得有必要再說明步驟嗎？因為若不確實按照流程化妝，花時間畫出來的妝，就容易脫妝、變形。只要掌握基礎妝、重點妝的流程，就能畫出與以往不同的妝容，任誰都能成為美妝達人。

STEP4
腮紅・口紅

扮演提升肌膚血色感的就是腮紅和口紅。臉色變得明亮華麗。刷抹的方式能為你遮掩臉型的煩惱。

腮紅

增加好氣色

▽

唇妝

使嘴唇更顯明亮

STEP3
陰影・打亮

利用化妝打造光、影，讓臉看起來更顯立體。只需利用刷筆輕輕一刷，就能有絕佳的臉型輪廓和小臉效果。

陰影

解決臉型的煩惱

▽

打亮

增加光澤感和立體感

眉妝

眼線

加強眼神

▽

睫毛膏

使睫毛看起來又濃又長

▽

臥蠶妝

建議疲勞眼的人使用

base

\ 調整膚質使之滑順 /

飾底乳

影響基礎妝的重要化妝品

修補肌膚表面、妝容更完美的飾底乳是基礎妝裡不可或缺的靈魂人物。

它能修補皮膚色澤不均、調整肌膚有無光澤等的質感、遮掩凹凸不平的毛細孔等，依種類不同，有預防油光滿面型的、也有保濕型的。

飾底乳的種類

飾底乳能保護肌膚，提高粉底的服貼度，
選擇適合膚質的飾底乳，除了好上妝也能使妝容更持久。

油性肌 → 清爽型

油脂分泌旺盛導致油光滿面時，建議使用能抑制油脂分泌但不會使角質層的水分不足且有效達到保濕效果的飾底乳。

能吸收分泌過多的油脂，使肌膚質感清爽不油膩。
KISS裸紗透白持妝隔離霜／KISSME

乾燥肌 → 滋潤・保濕型

肌膚水分不足和油脂分泌少的人，肌膚就容易乾燥，使用保濕成分高的飾底乳，能滋潤肌膚，遠離乾燥。

含有約90%的美容液成分，充分滋潤肌膚，呈現滑嫩光澤感。
糖瓷防曬隔離乳／PAUL & JOE beaute

自然派 → 無色型

目標放在透明感膚質的話，建議使用無色飾底乳。選擇親膚的米色，呈現自然光澤感。

能與肌膚完美服貼，並具有適度的光澤感。
礦物修護底霜／ETVOS

遮掩毛細孔 → 遮瑕型（部分用）

因皮脂阻塞、鬆弛等原因造成毛細孔粗大時，就用飾底乳（部位用）修復凹凸不平的毛細孔吧！延展性佳、遮瑕力高，能使肌膚更滑順。

能使凹凸不平的毛細孔變得滑順且具有保濕力，能維持光亮平滑。
妝前打底修飾霜／MIMURA

\ 一定要掌握住這點！ /

| 飾底乳的基本 |

重點是從臉部中央向外塗抹。
薄薄地點推在臉上，並趁未乾前盡快塗抹均勻。

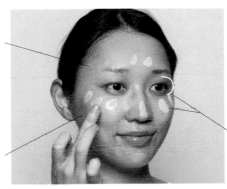

避開髮際、
輪廓線

髮際、輪廓線不需塗抹
飾底乳。主要塗抹在整
個臉部。

稍微延展
在肌膚上

以點的方式輕輕塗抹開
來。重點是薄薄地延展
在整個臉部。

以想要調整的
地方為主

眼睛下方的三角區，以
及眉毛下方到眼球下方
的C字部位等處，以暗
沉和肌膚紋理紊亂的地
方為主抹上飾底乳。

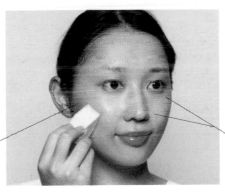

用海綿壓會更
服貼於肌膚

避免產生塗抹不均，用
海綿輕壓，使飾底乳更
服貼於肌膚。

細部也不要忘了
塗抹

眼周、鼻翼等細部也不
要忘了塗抹。

point

確實塗抹飾底乳，
不僅能修補凹凸不平的肌膚，
妝容也更持久。

**塗抹整個臉部，
提升肌膚色澤**

將飾底乳薄薄地延展
在容易暗沉的三角區，以
及眉毛下方到眼球下方的
C字部位，再從這些地方
向外推開，肌膚就會變得
滑順。塗抹的重點是快速
不拖延。

塗抹飾底乳的方法

以三角區為主要的塗抹地方。用手指推抹飾底乳時，太用力會傷到皮膚，因此，請輕輕地以點推的方式塗抹。

1

臉部中間
以橢圓形點推延展

輕輕地用手指以畫橢圓的方式，將飾底乳點推延展在眼睛下方的三角區、額頭、鼻尖等臉部中央。

2

從臉部中央
向外側抹勻

利用指腹，從臉部中央向外側將飾底乳抹勻。重點是不要用手指壓，而是輕輕地點推。

3

額頭也要
抹飾底乳

額頭也是一樣輕輕地用指腹點推。注意不須抹到髮際。

4

嘴巴四周也不要忘了
抹飾底乳

嘴巴微開，仔細塗抹均勻，不要殘留。

5

用海綿使飾底乳
更加服貼

鼻翼、眼周等不容易將飾底乳抹勻的地方，可利用海綿使飾底乳更加服貼。

完成！

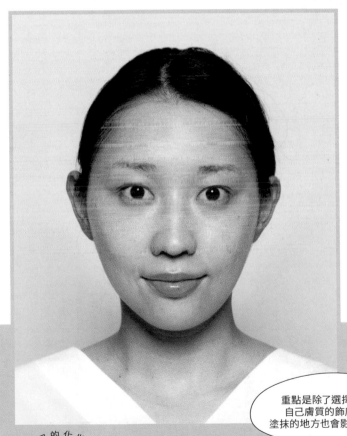

使用的化妝品

光是飾底乳，就能如此有效地調整肌膚！消除不均的膚色、暗沉，使肌膚更滑順。而且還能提亮一個色階及透明感！

請參照P40

重點是除了選擇適合自己膚質的飾底乳，塗抹的地方也會影響質感。

control color

\ 消彌膚色不均或暗沉 /

妝前校色霜

修補膚色和煩惱，成為擁有透明感的肌膚

妝前校色霜能夠修補泛紅‧蠟黃等令人困擾的膚色、暗沉、黑眼圈、痘疤等問題。

塗抹與自身膚色互補的顏色（相反色），便能呈現具有透明感且膚色均勻的肌膚。掌握消除煩惱的重點吧！

妝前校色霜的種類

有粉紅色、綠色、藍色等各種顏色，挑選的重點是針對肌膚問題去挑選。
選用質地好推開的校色霜會比較容易塗抹。

眼周暗沉、黑眼圈 → 黃色‧橙色

接近膚色、提升色調的黃色系能消除眼周暗沉和黑眼圈。因補色效果而給人健康的印象。

含保濕成分，濕潤的質感能預防乾燥。透光調色底霜，
#YELLOW／IPSA

嘴周暗沉 → 粉紅色

使氣色變好的粉紅色，塗抹在嘴周和眼袋處，能消除暗沉增加血色感。因為這地方的油脂較多，挑選的重點是選擇清爽型的。

可重點塗抹的唇蜜式調色霜，初學者也能很快上手。
調色妝前隔離乳霜，#01 Pink
／KISSME

增加透明感 → 藍色‧紫色

想要肌膚完全呈現透明感時，推薦能消除蠟黃暗沉的藍色系。塗抹在聚光的顴骨，肌膚即給人明亮的印象。塗抹薄薄的一層即可。

沒彈性的肌膚塗抹起來也能滑順貼服。易延展、薄薄地塗抹即可。
透光調色底霜，#BLUE／IPSA

鼻翼、臉頰泛紅 → 綠色

綠色是紅色的相反色，如果想調整鼻翼和臉頰泛紅就選綠色，能抑制泛紅呈現透明質感膚色。

具透明感的綠色能抑制泛紅。
調色妝前隔離乳霜，#04 Green
／KISSME

\ 一定要掌握住這點！／

｜ 妝前校色霜的基本 ｜

回應惱人的膚色問題，塗抹在重點部位吧！
為了避免塗抹過多，少量抹上以與肌膚服貼。

before

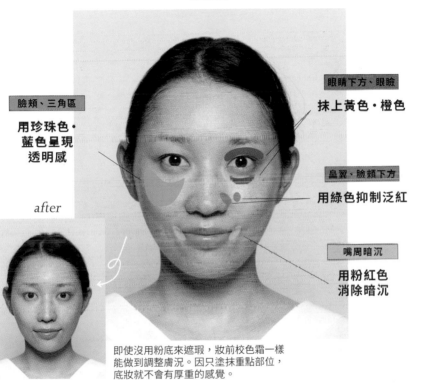

臉頰、三角區

用珍珠色・
藍色呈現
透明感

眼睛下方、眼瞼

抹上黃色・橙色

鼻翼、臉頰下方

用綠色抑制泛紅

after

嘴周暗沉

用粉紅色
消除暗沉

即使沒用粉底來遮瑕，妝前校色霜一樣
能做到調整膚況。因只塗抹重點部位，
底妝就不會有厚重的感覺。

point

只要善用妝前校色霜，
不上粉底也能完成
自然裸肌的底妝！

**根據各種肌膚煩惱，
用不同的顏色來調整膚色**

因為想要有透明感就
把妝前校色霜塗滿整張臉
的話，膚色會變得太白而
顯得不自然。基本上是要
塗抹在令你在意的部位，
依不同的肌膚煩惱使用不
同顏色的妝前校色霜來調
整膚色。

塗抹妝前校色霜的方法

妝前校色霜能達到修補肌膚的效果，少量塗抹就已足夠。塗抹的重點是以指腹輕柔地推勻，與肌膚服貼。

黃色‧橙色

眼瞼和眼睛下方暗沉

使用的化妝品

調色妝前隔離乳霜，#02 Orange／KISSME

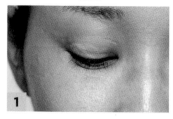

1

塗抹在眼皮

將黃色或是橙色的妝前校色霜大範圍地塗抹在眼窩。眼睛下方也要塗抹。

2

以指腹推勻

由於眼睛周圍的皮膚較薄，請輕輕地推勻。要是以摩擦的方式便會傷害到嬌嫩的肌膚。

完成！

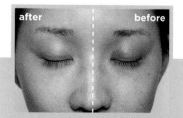

after　　　before

塗抹前、後一對照就一目瞭然了！只是塗抹在眼皮，就提升了透明感。也比較容易畫上眼影！

粉紅色

嘴周暗沉

使用的化妝品

請參照P44

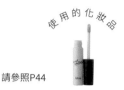

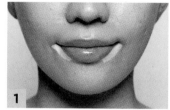

1

斜斜地塗抹在兩側嘴邊

將粉紅色的調色霜斜斜地塗抹在兩側嘴邊。從嘴角往下巴的方向薄薄地塗抹一層就OK。

2

以指腹推勻

利用指腹以點推的方式推勻。請注意不是用力壓推。

完成！

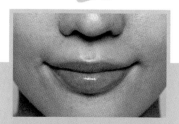

消除了嘴周暗沉，增加自然的血色感！

藍色・紫色	綠色

臉頰呈現透明感

使用的化妝品

調色妝前隔離乳霜，#03 Purple／KISSME

鼻翼泛紅

使用的化妝品

請參照P44

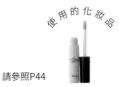

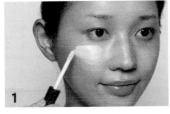

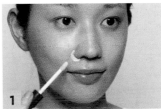

塗抹在顴骨

將紫色校色霜以畫橫線的方式塗抹在顴骨上。

塗抹在鼻翼

將綠色妝前校色霜塗抹在鼻翼周圍。

以指腹推勻

以指腹輕壓推勻。除了塗抹在全臉，也可只塗抹在想要呈現透明感的部位。

一手壓著鼻尖，另一手推勻

為避免校色霜殘留，一手輕壓著鼻尖，另一手推勻以與鼻翼完美服貼。

完成！

一抹上校色霜，原本暗沉的肌膚不僅變得明亮，更提升了透明感。

完成！

能消除鼻翼的泛紅和一點一點的毛細孔而變得光滑。鼻翼旁的陰影沒了，膚色也變得明亮了！

how to

concealer

\ 隱藏痘疤和黑眼圈 /

遮瑕

利用遮瑕膏隱藏肌膚問題

遮瑕膏能解決粉底無法隱藏的各種肌膚問題，例如：黑斑、痘疤、黑眼圈、肌膚泛紅等。上粉底前先塗抹遮瑕膏才是不二法門。塗抹在令你在意的部位吧！

遮瑕膏的種類

遮瑕膏分兩種，一種是固體的粉餅狀，一種是滑潤的液體狀。
依肌膚問題分別使用吧！

黑眼圈、暗沉 → 液體狀

質地滋潤，能使容易乾燥的眼周、黑眼圈變得滋潤美麗。較大的黑斑也沒問題。

乳霜般的質感具有提亮效果。妝點甜心遮瑕蜜，
#1242／NARS JAPAN

痘疤、黑斑 → 粉餅狀

能與肌膚貼服，遮瑕力高，建議用在隱藏黑斑、雀斑、痘疤。利用眼影棒或刷子沾取，薄薄地塗抹一層即可。

雙色混合，可依自己的膚色使用。
肌膚友善礦物雙色遮瑕膏／24h cosme

\ 一定要掌握住這點！／

｜ 遮瑕的基本 ｜

使用遮瑕膏的重點是依肌膚問題區分質地與顏色。
薄薄地塗抹在肌膚上吧！

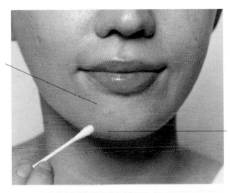

用粉餅狀的遮瑕膏隱藏痘疤

點在痘疤上並塗抹均勻，看不出肌膚與遮瑕膏之間的色差。

用棉花棒或刷子

須注意避免塗抹過多的遮瑕膏，可以用棉花棒或刷子等精準塗抹。

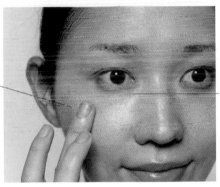

用遮瑕膏力高的液狀遮瑕膏隱藏黑斑

選用具遮瑕力的液狀遮瑕膏，使之與肌膚服貼。

依黑眼圈的種類分開使用

塗抹重點是依黑眼圈的種類分開使用遮瑕膏（詳細請參照P51）

point

利用遮瑕膏修飾肌膚問題
便能預防塗抹過多的粉底，
避免造成厚重面具感

避免浮粉，請少量塗抹

因為遮瑕膏的遮瑕力高，塗抹過多會有厚重感且看起來顯老，請少量塗抹即可。依肌膚問題，選擇不同質地的遮瑕膏吧！

黑斑

使用的化妝品

請參照P48

使用的化妝品

痘疤

請參照P48

塗抹遮瑕膏的方法

塗抹重點是利用棉花棒或是刷子。為避免塗抹過多，先抹在手背上再塗抹在臉上才能抹得自然、抹得薄。

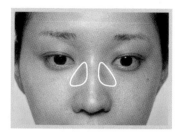

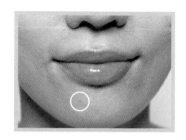

用刷子
隱藏黑斑

用刷子沾取高遮瑕力的粉餅型遮瑕膏，輕柔地塗抹在黑斑上。用刷子能均勻地塗抹、漂亮地遮瑕。

先用棉花棒沾遮瑕膏再直接塗抹在痘疤上

使用高遮瑕力的粉餅型遮瑕膏。將兩色混合以接近膚色，先用棉花棒沾取再塗抹在痘疤上。

完成！

完成！

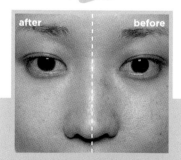

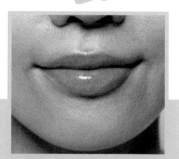

用刷子塗抹能精準地隱藏黑斑。黑斑隱藏得自然，粉底就不會有塗抹過多的情形了！

顏色接近膚色的遮瑕膏，塗抹後幾乎看不出來，相當自然！

黑眼圈

請參照P48

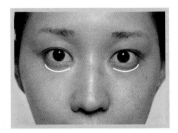

黑眼圈的類型

選擇遮瑕膏的方法

烏青黑眼圈

因血液循環不良造成，建議使用深橘色遮瑕膏以消除烏青色呈現自然肌膚顏色。

COFFRET D'OR盈透遮瑕膏／佳麗寶化妝品

棕色黑眼圈

因摩擦與黑斑造成的棕色黑眼圈。色素沉澱引起的黑眼圈，可用能調出與自己膚色接近的遮瑕盤。

四色遮瑕膏PALLET，#01／COSME DECORTE黛珂

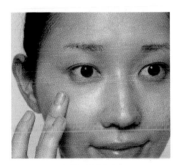

用指腹推勻

在黑眼圈的地方薄薄地塗抹服貼度佳的液狀遮瑕膏，用指腹輕柔地點到看不出肌膚與遮瑕膏之間的色差。

黑色黑眼圈

因年齡增長與下垂造成的黑色黑眼圈。請選擇保濕度佳、容易推勻的遮瑕膏。

煥顏雙色遮瑕筆，#0.5N／LAURA MERCIER JAPAN

完成！

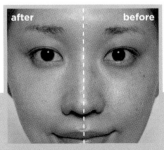

after　　　　before

黑眼圈不見了，眼周給人明亮的感覺。重點在於薄薄地塗抹。

how to

foundation

粉底

依種類的不同，
適合不同膚質

粉底能修飾膚色不均
的情況，且依粉底種類的
不同能完美演繹各種美
肌。也可以依自己喜歡的
妝感成果來挑選。

除了呈現均勻膚色
外，更能預防紫外線．乾
燥等外界造成的傷害，守
護我們的肌膚。

粉底的種類

挑選粉底的重點在於自己的膚質與喜歡的妝感。
不要一瓶用整年，隨季節改變粉底也ＯＫ！

想要清爽妝感 → 粉餅

推薦給不喜歡黏膩感，想要有清爽妝感的人使
用。即使沒有最後的蜜粉也能完妝，短時間上
妝也行。

輕柔乾爽的妝感，也有光澤
感。
心機 星魅 輕羽粉餅ＥＸ，
＃OCRE 20／MAQUILLAGE

水潤肌 → 液狀

液體狀的粉底。質地濕潤、遮瑕力佳，容易服
貼肌膚。任何膚質都適用。

清爽質地，能提升透明感。
極致透光粉底液，＃001／
IPSA

高遮瑕力 → 粉霜

特徵是質地溫和。優點是具有高遮瑕力及保濕
力。在容易乾燥的季節使用能給你滿滿的滋
潤。

有光澤的妝感且遮瑕力佳。水
凝美肌粉霜，＃102／RMK
Division

不易有顏色不均 → 氣墊

將液體狀的粉底滲透進海綿的氣墊粉底。薄薄
地塗抹就容易推開，也不易有顏色不均的情
形，初學者也容易上手。

雖是薄薄地塗抹卻能完美地
隱藏毛細孔。
煥顏氣墊粉餅，＃1N1／
LAURA MERCIER JAPAN

\\ 一定要掌握住這點！ //

│ 粉底的基本 │

並非全臉都抹上相同的量，只需在眼睛下方到臉頰等範圍稍大的地方，
以橢圓的方式多塗抹一點再向外推勻，立體感油然而生，即使量少也能有美美的妝感。

額頭

往額頭方向推開。

眼睛下方到臉頰

塗抹在顴骨也能增加光澤感。

嘴周

抹 V 字型，能隱藏嘴周暗沉、細紋等膚況。

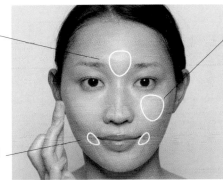

從中間向外推勻

以指腹由內向外將粉底推開。

鼻子兩旁

鼻型更立體。建議用海綿抹勻。

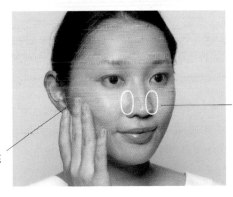

point

嚴禁厚塗粉底！
留意塗抹過量，
薄薄地抹上吧！

不須全臉塗抹，從中間向外推開

雖說粉底是為了讓臉部顏色統一而全臉塗抹，但並非是整臉都抹上相同的量，重點是先抹在眼睛下方到臉頰等臉的中央位置再向外推勻。以指腹推開，細部再用海綿塗抹均勻就完成了。

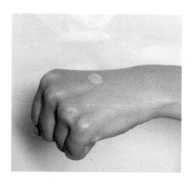

1

先倒在手背上

粉底擦抹全臉一次的量約是5元硬幣大小。以手指直接塗抹之前，先倒在手背上可避免塗抹過量。

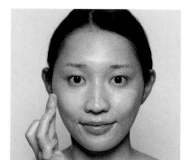

2

眼睛下方到額頭、鼻子兩旁、嘴周

眼睛下方到臉頰塗抹大橢圓形。額頭抹三角形、嘴旁抹Ｖ字型、鼻子兩旁則沿著鼻骨抹上。

3

以指腹推勻

利用食指和中指，從臉部中央向外將粉底均勻推開。

4

鼻子用海綿推勻

用海綿將鼻上的粉底抹勻。鼻翼的部分同樣用海綿抹勻，毛細孔就不會那麼明顯了。

塗抹粉底液的方法

粉底液的基本塗抹方式是，從臉部中央向外推開。鼻翼、眼周等纖細部位，請用海綿輕輕推勻。

5

用鼻子抹剩的
粉底塗抹眼皮

眼皮薄薄地塗抹即可，可用塗抹鼻子剩下的粉底由內向外抹。

6

放射線狀塗抹額頭

從額頭中間向外以放射線狀塗抹。

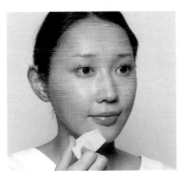

7

塗抹嘴周、下巴

將在嘴角的粉底向下塗抹到下巴。用海綿塗抹嘴唇輪廓外側。

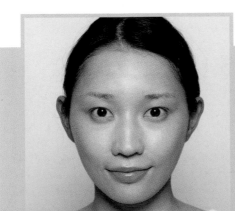

完成！

肌膚呈現自然光澤感。薄薄地從臉的中間向外塗抹，也能增加立體感！

使用的化妝品

光感輕透粉底液，
#OC01／LUNASOL

how to

facepowder

\ 定住妝容 /

蜜粉

吸附多餘油脂，定住粉底

蜜粉的功用是要讓粉底與肌膚貼合、吸附多餘油脂、使妝容持久。底妝之後再上蜜粉，能使膚況更加完美。依你想要呈現的印象，建議分別使用不同類型的蜜粉。

蜜粉的種類

想要讓粉底呈現均一的膚色？還是想要呈現輕柔的膚質？
依不同的感覺選擇不同的蜜粉吧！

輕柔妝容 → 散粉

散粉狀蜜粉不含油脂，完妝後呈現輕柔妝容。
上妝時用蜜粉刷或是粉撲能調整沾取的量。

光感透亮蜜粉，#01自然裸膚N／EXCEL

膚色均一 → 蜜粉餅

將粉壓縮成固體狀。因含有油脂，能使高遮瑕力的粉底更服貼於臉部。建議外出補妝時使用。

不易泛油光也不易脫妝。完妝後呈現潤澤膚質。
露華濃超持色清透遮瑕蜜粉／REVLON

\\ 一定要掌握住這點！／

｜ 蜜粉的基本&定妝方法 ｜

蜜粉和粉底一樣，都要注意不要抹太多。
重點在於調整粉量、輕柔地擦在臉上。

不是蜜粉刷的前端，
是平平的那一面

用大型蜜粉刷

從臉部中央向外，不用力只移動蜜粉刷

建議化妝初學者使用散粉狀蜜粉，會比較容易調整粉量。拿蜜粉刷平平的那一面，從臉部中央向外輕刷。使粉底服貼於肌膚，呈現光澤感。

顴骨和鼻梁

整臉都上完蜜粉後，再將殘留在刷子上的蜜粉輕刷在顴骨和鼻梁上。

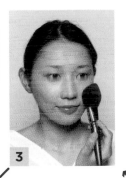

3

用蜜粉刷沾取粉撲上的蜜粉

先用粉撲沾取蜜粉，再用蜜粉刷沾取粉撲上的蜜粉。

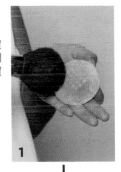

1

完成！

用蜜粉定妝完成後，整體呈現具有立體感的輕柔膚質。也不易脫妝。

使用的化妝品

裸光絲柔蜜粉，
#00／COSME
DECORTE黛珂

從臉部中間向外刷

將蜜粉刷從臉部中間向外刷，整臉都刷上蜜粉。刷的時候不要出力，輕輕地刷上即可。

2

想要擁有的不同膚質

粉底 × 蜜粉
梶繪里子 推薦的組合

不同的粉底和蜜粉的組合，
能改變我們肌膚的質感。
依你想要擁有的膚質來選擇吧！

想要擁有潤澤肌

粉底液 × 粉狀蜜粉

親膚的液體粉底和散粉狀蜜粉能防止肌膚乾燥。

（左）水潤光粉底液，
#02 /LUNASOL
（右）請參照P57

想要零毛孔

氣墊粉底 × 粉狀蜜粉

無論是粉底還是蜜粉都建議選擇具有遮瑕力且能修補肌膚凹凸不平的。

（左）請參照P52（右）水漾嫩肌鑽石光蜜粉／
COVERMARK

想要有輕柔膚質

乳霜粉底 × 蜜粉餅

只需薄薄地塗抹就具有遮瑕力的乳霜粉底加上質地細緻的蜜粉餅，完美呈現輕柔膚質。

（左）心機奶凍亮膚BB精華
／MAQuIIAGE
（右）控油礦物蜜粉餅SPF12 PA+
／msh

想要無光澤感

半透明的粉底液 × 粉狀蜜粉

服貼度極好的液體粉底加上散粉狀蜜粉，完成呈現宛如陶瓷般的乾爽膚質。

（左）零粉感超持久粉底
液，
＃BO-01／LANCOME
（右）FERME輕透保濕蜜
粉／KISSME

不同膚質

飾底乳 × 粉底
的組合

有膚質困擾的人，只要選擇適合自己的
飾底乳就能修補膚質。粉底也要選擇能
和飾底乳之間達到平衡的。

乾燥肌

飾底乳	滋潤保濕型
×	
粉底	依自己喜好 選擇粉底液或氣墊粉底

保濕型或油脂多的飾底乳或粉底能
防止乾燥。依乾燥程度，最後不用
蜜粉定妝也OK。

請參照P40

混合肌

飾底乳	泛油光的的部分就用吸收皮脂型、乾燥部分就用保濕型
×	
粉底	想要呈現的印象就OK

T字部位油分泌多而泛油光，U
字部位則是乾燥的混合肌，就需搭
配部位改變飾底乳。

（左）請參照P40（右）TIME SECRET
MINENAL PRIMER BASE PIKN / msh

油性肌

飾底乳	吸收皮脂型
×	
粉底	依個人喜好 選擇半透明或無光澤的

塗抹能抑制油脂的吸收皮脂型粉底
乳，經過一段時間後，會和自己的
皮脂混合而呈現自然的光澤感。

請參照P40

中性肌

飾底乳	隱藏色斑、毛細孔
×	
粉底	想要呈現的印象就OK

選擇能修補色斑、毛細孔等的飾底
乳便能達到調整底妝的效果。粉底
選擇想要呈現的印象就OK。

請參照P40

\ 請教我！梶繪里子老師！ /

| 底妝的煩惱Q&A |

底妝是享受化妝樂趣過程中的重要工程。
關於臉上毛細孔、眼袋重等來自粉絲的許多煩惱，都在這裡為大家解答！

Q3 在意毛細孔粗大…

A3 用飾底乳隱藏毛細孔

飾底乳的遮瑕力高且不易脫妝，塗抹在粗大的毛細孔上就能完美隱藏。

1

少量飾底乳塗抹於在意的部位

2

輕輕地塗抹均勻

完成！

使用的化妝品
請參照P.40

**毛細孔隱藏起來了，
膚質變更細緻了！**

Q1 眼睛下方的鬆弛該如何遮掩呢？

A1 用遮瑕液隱藏

和黑眼圈一樣，建議使用遮瑕液。塗抹到鬆弛下方的陰影部分。最後再加上打亮粉，眼睛就會變得明亮。

Q2 該如何使用BB霜、CC霜？

A2 短時間完妝的時候！依想要呈現的妝容來分開使用

BB霜或CC霜都是扮演著從飾底乳到粉底的角色，讓你輕輕鬆鬆就能完妝。BB霜的遮瑕力高，能消除肌膚的煩惱。而CC霜則能修補肌膚暗沉等膚色的問題。可以依你想要解決的煩惱來選擇吧！

BB 霜	CC 霜
高遮瑕力。解決黑斑、雀斑等問題。	修補肌膚暗沉等膚色問題。重視裸肌感的產品。

心機奶凍亮膚BB精華／MAQUILLAGE

素顏美肌CC霜／INTEGRATE

eyebrow

\ 掌握臉部印象 /

眉妝

改變印象大推手，符合眉毛性質的畫法

眉毛會因顏色、質感、形狀而改變成許多不同的印象。此外，會隨著時代的改變，流行趨勢變化快也是其特徵之一。因此，不擅長化眉毛的人可多了。讓我們從選擇適合自己眉毛性質的產品和畫法開始吧！

眉筆的種類

選擇眉筆的重點是要順著自己眉毛的生長方向和想要呈現的樣子去選擇。
此外，顏色方面，搭配頭髮顏色選擇眉筆，絕對不會失敗。

眉筆

容易畫出眉型。建議眉毛淡或少的人使用。眉筆的重點是能畫出細緻的眉型和顏色。

容易畫出眉型且硬度適中。
武士刀眉筆／植村秀

眉彩餅

打造澎鬆自然的眉毛。建議濃眉的人、眉毛長得好的人使用。容易渲染開來，初學者好上手。

3色眉彩餅，容易調整眉色，眉毛刷也能刷到很細的地方。
3D造型眉彩餅 EX-5 ／KATE

眉液筆

能一根一根地描繪出眉毛。建議眉毛亂長的人使用。大部分眉液筆的顏色都很淡，畫的重點是一根一根地堆疊畫上去。

淡色眉液筆和眉彩餅的組合更好用。
24小時持久防水立體雙頭眉筆，
#03 MOCHABROWN／CUORE

染眉膏

改變眉色、梳整毛流。眉妝的最後一步驟再使用染眉膏。除了常見的棕色外，還有各種顏色來搭配彩色。

不結塊、顏色自然。溫水卸妝。
dejavu就是自然輕盈眉彩膏
BROWN／IMJU

\ 一定要掌握住這點！ /

| 眉妝的基本 |

畫眉毛要先決定眉頭、眉山、眉尾的位置後，
在毛量較少的地方一一地補足以避免畫得太濃。畫的重點在於力氣要輕。

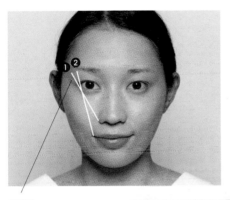

眉山

眼球外側到眼尾之間。

眉頭

眉頭位於眼頭往上延長至眉毛的連接處。畫的時候從眉毛的中間往眉頭畫。

眉尾

眉尾若想畫長一點，就畫到鼻翼和眼尾的延長線上❶；想畫短一點，就畫到嘴角和眼尾的延長線上❷。

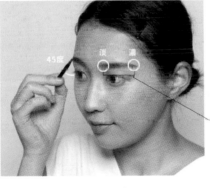

眉刷拿45度角

不會畫得太濃，能輕輕地點畫。

重點在層次

眉頭淡，眉尾濃。

point

眉刷或是眉筆握得
太前面就會出力，
請握後面一點吧！

層次呈現出立體眉毛

要是眉毛從頭到尾都是一樣的濃淡，會給人俗氣的印象。重點是眉頭淡、眉尾濃的層次畫法。自然立體的眉毛就完成了。畫的時候不要用力，輕輕地點畫。

1

用螺旋刷梳整毛流

毛流若不事先梳整，眉彩餅就無法畫得漂亮，因此，先用螺旋刷梳整毛流。

蓬鬆柔和眉的畫法

推薦初學者用眉彩餅和染眉膏來畫眉。留意眉刷的握法，輕柔地畫吧！

NG
手握眉刷前面
會畫得太濃

2

從眉毛中間向後畫，畫眉毛上方的輪廓

手握眉刷後面，輕輕地點畫眉毛上方的輪廓。

point
用眉刷輕輕
地點畫可避
免畫得太濃

3

畫眉毛下方的輪廓

眉毛下方也要畫。避免畫得太濃，想像以填空的方式畫。

4

決定眉尾的位置

眉毛若想畫長一點，拿一支刷子放在鼻翼到眼尾的延長線上，再用棕色系的眉彩餅點出眉尾的位置。

5

將眉尾位置點和眉毛下方的輪廓線連接起來

將眉尾位置點和眉毛下方的輪廓連接起來便能簡單地畫出眉尾。輕柔地暈染眉毛。

轉啊轉
轉啊轉

6

平筆畫眉頭

用眉刷沾取彩盤中顏色最亮的，微微地轉啊轉地暈染開。

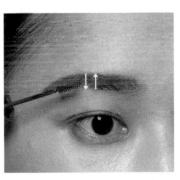

point
由下往上刷
可梳整毛流

7

上下刷染眉膏

首先，染眉膏先由上往下刷，接著再由下往上刷可梳整毛流。

h o w   t o

完成！

自然蓬鬆柔美的眉毛完成了。眉頭淡、眉尾濃的層次效果展現立體感！

使用的化妝品

請參照P60

1

畫眉毛上方的輪廓

用螺旋刷梳整好眉毛後，沿著眉形畫眉毛上方的輪廓。

NG

握得太前面、眉筆太靠近臉都NG！

OK

手握眉筆後面，才能畫得好看

2

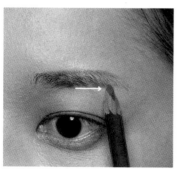

畫眉毛下方的輪廓

眉毛下方一樣要先畫出輪廓。輕輕地移動眉筆，一根一根地畫。

3

決定眉尾的位置

若想畫長一點，拿一支刷子放在鼻翼到眼尾的延長線上，再用眉筆點出眉尾的位置。

4

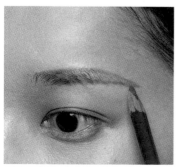

將眉尾位置點和輪廓線連接起來

將眉尾上、下的兩條輪廓線連接起來，就完成眉毛的輪廓了。

5

用眉彩餅補中間

用眉彩餅補上下輪廓線之間的眉毛。

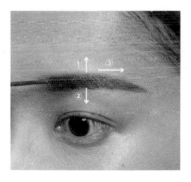

6

眉頭也用眉彩餅畫

換平筆，沾取彩盤中最亮的顏色，微微地轉啊轉地暈染開。

7

用染眉膏梳整毛流

轉動染眉膏，由上往下刷抹在眉根，接著再順著毛流刷染。

完成！

眉毛的輪廓乾淨又俐落！
因為是用眉筆畫眉尾，便能有俐落的效果。推薦上班族可畫這款眉型較有精神效果。

使用的化妝品

請參照P60

how to

跟得上流行

平行眉

特徵是眉毛的上、下線條呈平行的直線。
自然卻又跟得上流行。

展現不同氛圍

應用篇

各種印象的眉妝畫法

只是改變眉形，臉部的印象就會有所改變。
自己想要呈現哪種氛圍、或是配合節慶，
開心地享受畫眉的樂趣吧！

3

補畫中間

用眉彩餅將上、下兩條輪廓線的中間
空隙部分補滿。

1

**上方的輪廓與
眼睛平行**

距離眉頭約1mm的地方開始畫，畫
一條與眼睛平行的直線。

轉阿轉

4

從眉頭開始整個暈開

眉頭用明亮的顏色，眉刷從眉頭開始
轉啊轉地暈開整個眉毛。

2

**眉尾畫注音符號ㄑ，
眉毛下方也要畫**

下方輪廓同樣畫平行直線，眉尾畫注
音符號ㄑ。

完成！

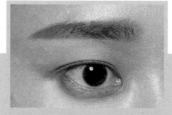

長度略比平常畫的短一點，自然感瞬
間UP！

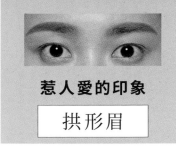

惹人愛的印象

拱形眉

拱形眉的特徵是柔和的彎曲線條。
惹人愛的氛圍，
建議畫可愛系的妝。

1

上方的輪廓線
畫拱形

上方的輪廓，從眉頭到眉山略微向上畫
出拱形。眉山不要有角度。

2

下方的輪廓用
彎曲線條連結

下方的輪廓略微向下畫出彎曲線條。
眉頭用眉刷暈開後再用染眉膏梳整。

完成！

柔和的拱形眉！給人溫柔印象，適合
畫粉紅系的妝。

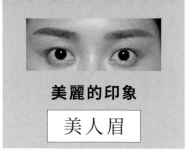

美麗的印象

美人眉

美人眉的眉山畫在眼球外側，
給人成熟的印象。
也適合有點酷的造型。

1

上方的輪廓線
畫出眉山

眉山設定在靠近眉尾的地方。斜向上
畫出山的樣子。

2

眉尾
畫長一點

眉尾在鼻翼到眼尾的延長線上再長一
點點。下方的輪廓線是略斜向上的直
線，再和眼尾連結起來。眉頭用眉刷
轉啊轉地暈開。

完成！

美人眉完成。可使整個臉部的立體效
果更好！

how to

\ 請教我！ 梶繪里子老師！ /
｜ 眉妝的煩惱Q&A ｜

眉毛的性質、毛量的多寡、畫法、顏色等所有跟眉毛有關的煩惱都在這裡一一解答！
雖然有很多人都不擅長畫眉毛，但只要學會用眉刷就能畫出美眉喔！

Q1 毛量不均、眉間有縫隙

A1 蓋印章式 畫法

建議眉頭下方的毛量稀疏等等毛量不均且有縫隙的人，畫眉毛時不是橫著滑動眉筆畫，而是像蓋印章一樣蓋在縫隙之間去填補縫隙。不會有的濃有的淡，能漂亮地補足縫隙。

Q2 眉毛少，請告訴我眉筆對策！

A2 先吸去臉上的油 再畫眉毛

眉毛少的人可先用眉筆畫出輪廓，再用眉彩餅暈染輪廓之間的部分。為了讓顏色漂亮地上色，請先吸去臉上的油，才能維持妝效。

Q3 很難畫出 左右對稱的眉毛……

A3 按部就班 地畫

首先要了解自己的眉毛，拿支鉛筆在紙上練習畫自己的眉毛。在紙上練習會更容易了解眉毛的形狀、顏色的層次畫法、施力的方法等。此外，畫的時候，左右兩邊交替一個步驟接一個步驟畫，每畫完一個步驟就檢查一下。非慣用手那一邊比較難畫一點，可稍微把頭傾斜就會比較好畫。

$Q4$ 我覺得眉彩餅的上色不是很好…

$A4$ 換其他種類的眉刷試試看

顏色上不去、畫得不好的人，或許問題出在眉刷。價格便宜的刷子也行，可以的話，使用馬毛等天然鬃毛做的刷子會比較容易上色，初學者也容易上手。

各種眉刷的毛質特徵

\若只買一支／

獾毛

刷毛柔軟，天然質感。許多品牌都愛用獾毛，容易將顏色暈開好上手。

pro12 DETAIL EYEBORW
／TAUHAUS熊野筆

\倒落眉／

山羊毛

特徵是彈性適中，不會分岔。毛質柔軟，畫出來的眉毛給人有自信的印象。

日本工匠手工製眉筆刷／WHOMEE

\可洗／

人工毛

特徵是毛質偏硬。價格合理。容易上色。

雙頭眉刷、螺旋刷
／ROSYROSA

\自然眉／

馬毛

刷毛柔軟舒服，刷完呈現與眼影相同的自然質感。

Enamor 07／
TAUHAUS熊野筆

$Q5$ 想要挑戰彩色眉！

$A5$ 搭配眼影的顏色變時髦

建議初學者可搭配髮色來選擇眉毛的顏色。若不想顯得突兀，加一點跟眼影一樣的顏色或是接近眼影顏色的棕色，眼睛與眉毛的一致感。

> 搭配粉紅棕的眼影，眉毛也是粉紅棕

eyeshadow

\ 改變眼睛的印象 /

眼影

畫出眼睛的陰影，樂享顏色的用法

眼影的顏色及質感的種類相當豐富。顏色重疊即可呈現陰影、深邃感，眼睛看起來就會更立體。畫法不同，就會改變眼睛的形狀和氛圍，是樂享化妝的步驟之一。

建議化妝初學者使用容易畫的眼彩盤。

眼影的種類

主要有眼彩盤、眼影霜、亮粉等，
有3～4色的彩盤也有單色的，種類相當豐富。

亮粉	眼影霜	眼彩盤
閃亮動人的眼影。在原持有的眼影上再上一層。加一點在睫毛根部或是眼皮上就很耀眼。	特徵是帶有濕潤的質感。抹上後為眼睛增添絕美的光澤感。通常多用手指塗抹。	質地輕，用眼影刷或眼影棒調整顏色的濃度。對初學者而言，容易暈染及畫出層次。

絕美的光澤感為眼睛增添奢華感。
奧可玹瘾彩眼影，#005SP／
ADDICTION BEAUTY

濕潤的光澤感且不易脫妝。
PRISM CREAM EYECOLOR 009
／RIMMEL

簡單就能畫出陰影的棕色系彩盤。裸色深邃眼影，#SR03／
EXCEL

\ 一定要掌握住這點！ /

｜ 眼影的基本 ｜

即使是畫在眼睛較狹窄的地方也能左右臉部印象。
就讓我們來看看該用什麼顏色畫在哪裡吧。

使用的化妝品

色影迷棕眼影盒，
#BR-1/ KATE

眼窩

眼球與眉骨之間的凹陷處。眼頭到眼尾、圖片中半圓形圍起來的上眼皮部分就是畫眼影的地方。

下眼皮

能使眼睛明亮及大眼的效果。畫的位置不同，給人的印象也不一樣。

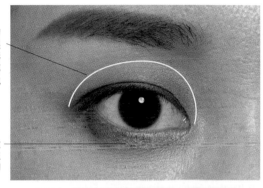

C. 主色

眼彩盤裡的中間色。暈染在眼窩上，從眼睛中央向眼尾畫。

D. 收尾色

眼彩盤裡顏色最深的。畫在睫毛根部，緊實雙眼。請用細的眼影棒或眼影刷。

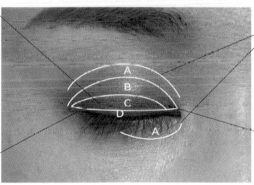

A. 亮色

雖然質感來自眼彩盤，但畫在整個眼窩會使眼睛明亮，眼頭和下眼皮也要畫。

B. 基礎色

畫在整個眼窩的顏色。顏色親膚且是刷出漸層的關鍵。

point

眼睛的皮膚薄且細緻，
使用眼影棒畫眼影時
請輕輕地在眼皮上移動。

利用3～4種顏色畫出漸層

眼影會用到亮色、基礎色、主色和收尾色等3～4種顏色。

將顏色重疊就能畫出漸層，使眼睛更顯深邃。

收尾色畫在睫毛根部，但要避免畫得太濃。

請參照P71

1

基礎色畫在整個眼窩

用眼影刷沾B，畫在整個眼窩。左右來回輕輕地移動刷子。眼影的長度可以稍微超出眼睛。

眼
影
的
畫
法

想畫出漂亮的層次，就須按照基礎色、主色、收尾色的順序來畫。下眼皮的畫法也要留意。

畫眼窩的一半，大約是雙眼皮的寬度。

2

主色畫漸層

用眼影刷沾C，畫1/2個眼窩，一樣用刷子將眼影暈染開來。

3

下眼皮也要畫

用眼影刷沾B，畫在黑眼球的外側到眼尾，避免畫得太濃，請輕輕地畫。

4

收尾色畫在睫毛根部

用眼影棒沾D，畫在上眼皮的睫毛根部。眼尾稍微畫粗一點、眼頭稍微畫細一點，就能有大眼的效果。用眼影棒畫，顏色更明顯。

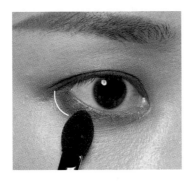

5

收尾色也要畫在下眼皮

用眼影棒沾 D，畫在黑眼球的外側到眼尾。用眼影棒的前端畫，會比較容易暈染開來。

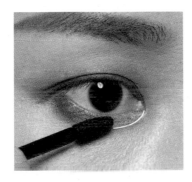

6

下眼皮畫亮色

眼頭到黑眼球外側畫 A 的亮色。黑眼球下方的亮色能使眼睛更顯明亮。

完成！

h o w   t o

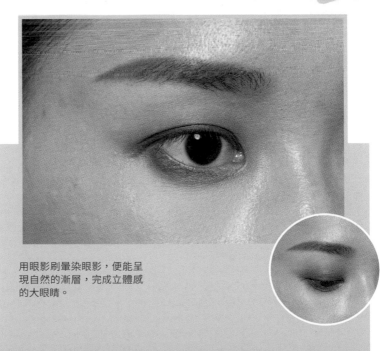

用眼影刷暈染眼影，便能呈現自然的漸層，完成立體感的大眼睛。

推薦臉圓的你

大眼效果！

深邃的畫法

推薦臉圓的你這個畫法。
因為眼窩畫縱深的弧形眼影，加深了上下的深度，
眼睛看起來就比較大。

使用的化妝品

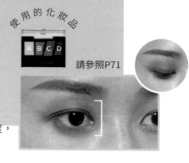

ＡＢＣＤ
請參照P71

基礎色縱深的
畫在眼窩

用眼影刷沾 B 的基礎色，輕柔地畫超
出眼窩的高度。

4

收尾色圓圓地畫在
靠近眼頭的地方

D 的收尾色畫在兩個地方，淡淡地畫
在眼尾以及圓圓地畫在靠近眼頭，眼
睛看起來就會又圓又大。

主色
畫弧型

用眼影刷沾 C 的主色，在眼窩上畫縱
深的弧形。

5

亮色畫在眼頭
下面一點的地方

用細的眼影棒沾 A 的亮色，眼睛就會
顯得明亮。也能彌補兩眼太開的缺
點。

完成！

縱深的眼影讓眼睛看起來比較大，臉
看起來也就不會那麼圓了。

3

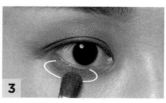

下眼皮的眼影從黑眼球的
中間開始畫

下眼皮畫 C 的主色。從黑眼球的中間
往眼尾畫，便能呈現縱深的眼影。

看起來較成熟

細長的畫法

加寬了眼睛的寬度，
推薦給臉長或眼距太近的你。
給人成熟的印象，也適合漂亮裝扮的造型。

使用的化妝品

A B C D

請參照P.71

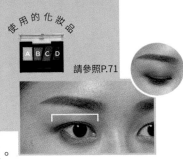

收尾色沿著
睫毛根部畫

D的收尾色沿著睫毛根部，從眼頭到
眼尾細細地畫一條線。

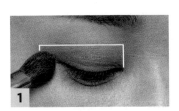

基礎色畫
超出眼尾

用眼影刷沾B的基礎色，畫在眼窩，
而且畫超出眼尾的長度。

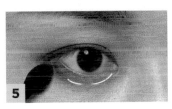

亮色畫在眼頭到
黑眼圈的外側

眼頭到黑眼圈的外側畫A的亮色，眼
睛看起來就又圓又亮。

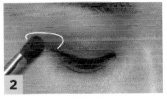

主色畫在靠近
眼尾的地方

C的主色畫在雙眼皮，靠近眼尾的地
方稍微濃一點。

完成！

超出眼尾的深色漸層展現成熟印象。

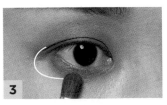

只畫下眼皮
的眼尾

C的主色只畫下眼皮的眼尾，黑眼球
到眼頭不要畫。

how to

eyelash curler

睫毛夾

睫毛往上翹，
眼睛大又亮

　　能使眼睛看起來大又亮的，就屬魅力無限的睫毛夾了。夾捲睫毛，即使刷上睫毛膏也不容易變成熊貓眼，因此，請確實夾捲睫毛前端吧！

選擇睫毛夾的方法

適合單眼皮或雙眼皮的人

適合眼睛弧度較平緩的人

選擇合自己眼睛弧度的睫毛夾。寬版睫毛節比較容易夾起所有睫毛，也適合初學者使用。

（右）睫毛夾213／資生堂
（左）MAQUILLAGE EDGE FREE
睫毛夾／MAQUILLAGE

\ 一定要掌握住這點 /

| 睫毛夾的基本 |

重點是從睫毛根部開始夾翹。
鏡子拿45度角並注意夾的姿勢。

分3階段夾翹睫毛

慢慢地往前端移動

**鏡子
拿45度角**

比較容易看得到睫毛根部

注意鏡子的角度，
從根部開始夾

　　用睫毛夾翹睫毛，鏡子和姿勢也很重要。不要駝背且鏡子拿45度角，就比較容易看到睫毛根部。從根部往前端分段慢慢夾。

確實從根部
向上夾

使用睫毛夾的方法

要把睫毛夾得卷又翹，
重點在於分3階段從根部往前端夾。

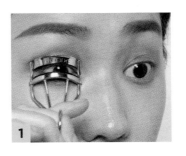

夾翹睫毛中段

接著第2階段，將睫毛夾向上舉起到與眼睛成90度角，夾翹睫毛中段。

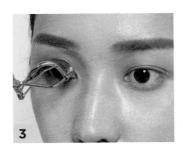

夾睫毛根部

上面的睫毛靠在睫毛夾的上部的弧度上，夾住睫毛根部。

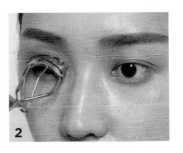

夾睫毛前端

最後的第3階段，手腕稍微向上抬起，睫毛夾也再向上舉起一點，夾翹睫毛前端。

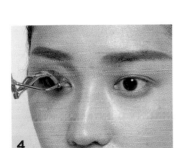

向上夾起根部

首先是第1階段，向上夾起睫毛根部。

完成！

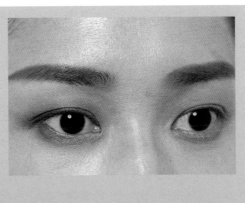

又捲又翹的睫毛！先刷睫毛底膏也ＯＫ！

eyeline

\ 眼神UP！ /

眼線

眼睛看起來大，強調眼睛

眼線是能夠強調眼神的化妝品。隨著時代的演變，雖然畫眼線的位置與方法也與時俱進，但共同的特徵都是能夠強調眼睛，使眼睛看起來又大又亮。重點是選擇與肌膚服貼度佳的眼線產品，畫出自然的眼線。

眼線的種類

眼線的種類大致上可分眼線筆、眼線液筆和眼線膠筆。
效果和使用的感覺各有不同。建議初學者使用眼線筆。

眼線膠筆

質地滑順且能畫出濃密的眼線。也能輕易填補睫毛間的縫隙、調整眼線顏色。

眼線液筆

能勾勒出有光澤感的眼線。顏色佳、無論是粗線還是細線都容易畫。大部分眼線液筆的防水、防汗效果都很好。

眼線筆

能像鉛筆一樣滑順流暢地勾勒。除了能填補睫毛間的縫隙，即使畫得不好也容易修正。

柔軟有彈性、抗暈染不易脫妝。防水極細速乾眼線膠筆（濃黑 black)／D-UP

雖然防水、防汗，但用溫水卻能輕而易舉地卸掉。dejavu就是不暈持久極細眼線液／IMJU

觸感柔和且能畫出美麗的線條。dejavu就是不暈柔霜眼膠筆／IMJU

\ 一定要掌握住這點！／

｜ 眼線的基本＆畫法 ｜

眼線有使眼睛變大的效果，因此只要畫眼尾就行了。
這裡要注意的是，如果整個眼睛畫上一圈眼線，
不僅不會使眼睛變得炯炯有神，反而會讓眼睛看起來更小。

和睫毛融為一體

從黑眼球外側
到眼尾畫
一條細細的線

自然地畫在睫毛縫隙間

漂亮的眼線是要畫在睫毛縫隙間，當睜開眼睛的時候能很自然地與睫毛合而為一的感覺。畫的重點在一點一點慢慢地勾勒。避免眼尾畫得太粗，不出力放輕鬆地話就能畫得漂亮了。

2

填補睫毛縫隙

將上眼皮拉起，填補睫毛與睫毛之間的縫隙。眼線筆的前端與臉平行。

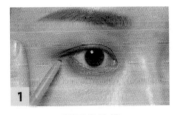

1

眼尾向外拉

用手指輕輕地將眼尾向外拉，輕輕地在眼尾畫一條線

如果是用眼線液筆

用眼線液筆的順序也是一樣，但畫出來的線條會比眼線筆明顯。

完成！

眼睛拉長變大的感覺，眼神也ＵＰ！自然地連結睫毛與睫毛之間的縫隙。

甜美風

外眼角下垂的技巧

擁有一雙溫柔甜美眼睛的外眼角下垂的技巧。
重點在上眼線向下垂畫，
再利用眼影讓眼頭看起來高一點。

眼線的畫法

眼線的魅力在於能改變外眼角下垂的眼睛、貓眼等各種眼睛的印象。
善用眼影來變身成為你想要呈現的印象吧！

眼影
畫在下眼皮

混合眼彩盤的主色和收尾色將下眼皮的眼線暈染開來。由於畫出下眼皮的陰影，便完成外眼角下垂的眼睛了！

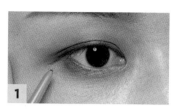

向下
畫一條線

眼尾稍微向下拉，用眼線筆畫一條向下垂的眼線。

完成！

眼影畫出的陰影加上眼尾的下垂眼線，自然的外眼角下垂的眼睛完成了！

眼頭
畫內眼線

用眼線筆填補睫毛縫隙。眼頭特別畫粗一點點，就能使眼頭看起來高一點、眼尾低一點。

使用的化妝品

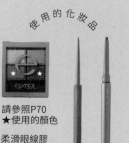

請參照P70
★使用的顏色

柔滑眼線膠
(GELLINER)02.
／ettusais

請參照P78

下眼線與眼尾之間
留一點距離

從黑眼球外側到眼尾的下眼皮，畫一條眼線，眼線與眼尾之間留一點距離。眼線的顏色選擇親膚的粉棕色。

很酷的眼睛

貓眼的技巧

宛如貓的眼睛一般，貓眼妝的特徵是眼尾上揚。
它跟外眼角下垂妝剛好相反，
重點是要讓眼尾看起來比較高。

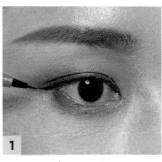

順著眼尾下方畫

下眼皮也要畫眼影。用眼影盤的收尾
色順著眼尾下方畫，那麼眼睛下方的
部分看起來就會有上揚的感覺。

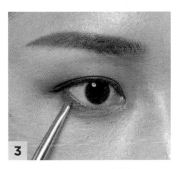

眼尾線往上畫

稍微將眼尾向上拉，眼線液筆畫到眼
尾的時候微微向上勾。

完成！

眼尾微揚的貓眼妝完成了！但要注
意，若眼尾的線條畫得太翹看起來會
過於冷酷，給人不好親近的印象。

使用的化妝品

請參照P70
★使用的顏色

請參照P78

上眼皮畫眼影

用眼影盤的收尾色畫黑眼球的外側到
眼尾之間。

how to

mascara

\ 讓眼睛更顯華麗 /

睫毛

讓睫毛看起來
又濃又長的化妝品

睫毛夾＋睫毛膏能使眼睛更炯炯有神。依睫毛膏的種類及刷睫毛膏的方法，有的會讓眼睛看起來自然，有的會讓眼睛看起來華麗，按照自己的睫毛性質、以及場合使用睫毛膏吧！

睫毛膏的種類

有纖長型的也有濃密型的。
這兩種都能呈現自然的睫毛且有大眼效果，很推薦。

適合睫毛細、稀疏的人 → 濃密型

推薦給睫毛細或是睫毛稀疏的人使用。一但刷上這款睫毛膏，睫毛立刻變得濃密豐盈，雙眼更顯明亮。

毛刷容易刷在睫毛根部不易糾結。
持續煽情睫毛膏，#7008／NARS

適合睫毛短的人 → 纖長型

特別推薦給睫毛短的人使用。睫毛膏中的纖維能使睫毛增長，進而強調眼睛的弧度。

向上捲翹的弧度持久，使睫毛看起來纖長。
超現實激長睫毛膏升級版，#BK999／MAJOLICA MAJORCA戀愛魔鏡

\ 一定要掌握住這點！ /

睫毛膏的基本&刷法

刷太厚會顯得過時老氣。
由下往上輕輕地滑上去，就是現在流行的自然睫毛。

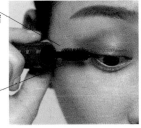

往斜上方刷
不容易和睫毛打結

睫毛刷靠在
睫毛根部

從睫毛根部往斜上方刷

睫毛刷多次且反覆地從容器取出、放進就是造成結塊、不好刷的原因。只要快速地從容器取出一次便能防止刷的時候結塊。移動睫毛刷，從睫毛根部往斜上方刷吧！

point

移動睫毛刷，從睫毛根部往斜上方刷

完成！

強調大眼睛，而且睫毛前端也不會結塊。呈現出具有光澤感的雙眸！

使用的化妝品

請參照P82

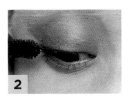

2

刷眼尾的睫毛

眼尾的睫毛同樣從根部開始刷。下睫毛輕輕地刷即可。

1

睫毛膏從睫毛根部開始刷

眼睛朝下看，睫毛刷靠在睫毛根部，從根部往前端刷。

慢慢地邊眨眼邊刷睫毛膏，睫毛刷貼合著睫毛來刷。

＼給惱於眼睛看起來疲倦的人／

臥蠶妝

臥蠶豐盈
給人開朗的印象！

眼睛看起來疲倦的人，若畫臥蠶妝會給人充滿朝氣的印象。而臥蠶就位在下眼皮鼓起來的地方。臥蠶豐盈飽滿，眼睛看起來就顯年輕且惹人憐愛，建議眼睛看起來疲倦的人畫這個臥蠶妝。

臥蠶妝使用的化妝品

即使沒有特別的化妝品，只要有能使下眼皮明亮的遮瑕膏、使眼睛看起來豐盈的眼影和畫陰影的眼線就ＯＫ了！

眼影（隱藏式眼線等）

用淡膚色的眼線畫臥蠶的陰影。當然也有臥蠶專用的化妝品。建議選擇親膚的顏色。

亮色（眼影）

利用眼影的亮色消除下眼皮的暗沉。推薦含有亮片珠光或霧面珠光的眼影。

遮瑕膏

消除下眼皮暗沉讓它恢復明亮。選擇比肌膚亮一色的顏色或是含有珍珠色的遮瑕膏就能消除眼皮的暗沉。

帶有透明感的紅色，能畫出適當的血色感。
極緻三用粉嫩眼妝筆，#01Pure Red／CANMAKE

含有細緻的亮片珠光感，柔滑好畫。
REVLON PHOTOREADY DEFINE & SHADE 503／REVLON

淡淡地塗抹一層，眼睛就會變得明亮。請參照P.51

\\ 一定要掌握住這點！ ／

臥蠶妝的基本

臥蠶妝化得太超過看起來就不自然，陰影大約是高5mm左右、
長則是從黑眼圈的內側到眼尾的長度。

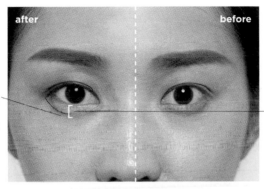

臥蠶的陰影

黑眼球的內側到眼尾加入陰影的線條。如果一直畫到眼頭看起來就太嚴肅。

寬度

臥蠶的位置是距離眼睛下方5mm左右

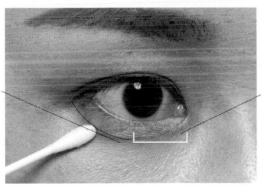

暈開陰影線條

用棉花棒輕輕地將陰影而畫的眼線暈開。若不暈開看起來會不自然。

遮瑕膏、亮色

從眼頭塗抹到黑眼球正中間

point

選擇亮色的重點在配合自己
膚色選擇亮一點的米色系，
就能畫出自然的臥蠶妝。

**暈開陰影的線條
看起來更自然**

臥蠶妝最重要的是亮色及陰影的位置。亮色選含有亮片珠光的會比霧面珠光要來得自然。陰影的線條從黑眼圈內側畫到眼尾然後暈開，陰影的線條從黑眼圈內側畫到眼尾後暈開，就能畫出自然的陰影了。

眼睛是比較細緻的部位，無論是塗抹還是暈開，都須以輕、柔為主。多這一步驟能讓你看起來更顯年輕。

1

就這一步驟，下眼皮就有豐盈的感覺！

下眼皮抹遮瑕膏

從眼頭到黑眼圈內側抹含有亮片珠光的條狀遮瑕膏，注意一直不要抹到眼尾。選擇舒適貼合肌膚的淺色遮瑕膏才不會太濃。

2

用指腹暈開

避免遮瑕膏浮粉，用指腹輕輕地暈開。

3

再上一層亮色

用細的眼影棒沾取顏色最亮的眼影，塗抹在遮瑕膏上面。

4

用眼影做陰影

從黑眼球的內側到眼尾畫一條眼線作
為臥蠶的陰影。因為看得出來有畫，
所以不要畫到眼頭。因為畫了陰影，
就會有立體感。

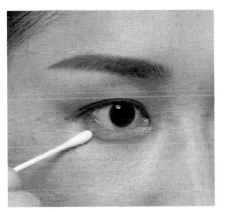

5

暈開

用棉花棒輕輕地將畫在下眼皮的眼線
暈開。暈開的時候也要注意不要畫到
眼頭，黑眼球下方的陰影就算完成。

完成！

h o w   t o

使用コスメ

P84參照

豐盈的臥蠶完成了！不僅消除了眼睛的暗沉，還變得更加明亮，笑容也顯年輕。

shading・highlight

\ 小臉・優雅的效果超讚 /

陰影・打亮

呈現立體容貌

陰影修容餅・打亮粉是呈現優雅高級妝感的至關重要化妝品。就只是畫上那麼一筆，五官就會變得立體又深邃。配合臉型的畫法，就能實現小臉的願望。

陰影修容餅・打亮粉的種類

主要分粉餅型和條狀型。
若要看起來自然建議用粉餅型，若要塗抹在細部就用條狀型。

陰影修容餅・**條狀型**

因為是條狀型，可直接塗抹在臉頰上，適合用在短時化妝。特徵是貼合肌膚不容易脫妝。

與肌膚相當服貼且不易脫妝。打亮修容膏，#STICK 01／CEZANNE化妝品

打亮粉・**條狀型**

不會弄髒手而且能快速抹上。也很方便攜帶。奶油般的質地，抹上後有濕潤的質感。

細緻的珍珠質感，提升自然透明感。煥肌透亮光影棒，#011G／ADDICTION BEAUTY

陰影修容餅・**粉餅型**

薄薄地刷上就能呈現自然的陰影。而且每個品牌都有出各種不同顏色的陰影修容餅，建議選擇適合自己膚色的顏色。

粉餅與平刷一組的陰影修容餅，好刷又容易上色。小顏粉餅，#04／CANMAKE

打亮粉・**粉餅型**

用粉餅型輕快地刷上，也容易調整使用量，非常適合初學者。刷完後的感覺柔和又親膚。

亮色、陰影和眼影三合一，方便使用。Jelsis 3D CONTOURING PALETTE／Jelsis

\ 一定要掌握住這點！ /

| 陰影・打亮的基本 |

輪廓線條等畫陰影的部分用陰影修容餅，
顴骨等比較高會接觸到光的部分用打亮粉，就能使臉看起來立體。

陰影修容餅
刷在要有陰影的地方刷出陰影

梶繪里子的畫法

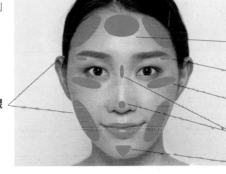

打亮粉
畫在臉部較高的地方看起來會更高一點

— 額頭

— 眉尾下方

— 顴骨

輪廓線 —

— 鼻根・鼻尖

— 下巴

推薦的刷子

修容刷

斜斜的粗刷頭，較容易沿著輪廓線刷、較易上色。

部位用修容刷

適合刷在鼻樑、眼尾下方等。請參照P35

打亮刷

使用產品附的刷子也OK，但對初學者來說扇子狀的刷子比較能刷得均勻。
Enamor FUN BRUSH 02／TAUHAUS熊野筆

---

point

要自然的打亮就選米色系、
想要氣色佳就選粉色系，
配合想要呈現的印象選擇！

請留意不要刷太厚，自然最重要

無論是陰影還是打亮，一但刷得太厚看起來就不自然。請薄薄地刷。陰影修容請選比膚色暗一色、打亮請選粉米色，就能刷得自然又漂亮了。

転啊転
転啊転

1

用粗刷子在輪廓線刷上陰影

用刷子沾取陰影修容粉，先在衛生紙上抖去多餘的粉，再沿著輪廓線由下而上邊轉動刷子邊刷。

2

刷到太陽穴上方，下巴兩旁也要刷

輪廓線的陰影要刷到太陽穴上方，同樣邊轉動刷子邊刷。嘴角線條以下的下巴兩旁也要刷，輪廓線立現。

畫陰影的方法

重點是使用粗刷子沿著輪廓線，刷的時候邊轉動刷子邊刷。這麼一來就不怕刷太厚，會很自然。

3

額頭則刷在髮際

沿著髮際刷陰影，小臉效果ＵＰ。

4

用細刷子刷鼻翼

用細刷子沾取陰影修容粉，直直的刷在鼻翼兩旁，鼻樑看起來會比較挺。

眼皮上方也刷陰影修容粉，
眼睛看起來較深邃

眼皮上方刷薄薄地陰影修容粉。沿著眼窩刷，自然立體感UP。

完成！

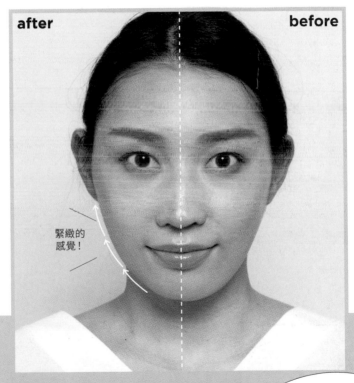

after　　　　　　　　　　　　before

緊緻的
感覺！

h o w　t o

使用的化妝品

請參照P88
★使用的顏色

請參照P35

從刷陰影修容粉的前後對照來看，臉看起來不會塌塌扁扁的，反而有小臉效果！

陰影修容粉讓臉呈現緊緻立體感。

下巴

左右移動刷子，在下巴的尖端刷弧狀的打亮粉。

鼻樑

用扇形刷。沒有扇形刷用細刷也OK。將打亮粉由上下刷在鼻樑上。

臉頰上方

將打亮粉刷在顴骨上，讓臉看起來更顯立體。從眼睛的外側刷到下眼皮，眼睛會更明亮。

額頭正中間

額頭除了髮際，在正中間刷打亮粉。但請注意也不要大範圍地刷。

鼻樑、顴骨等想要打亮的地方就需要刷打亮粉。均勻地將粉底抹上吧！

完成！

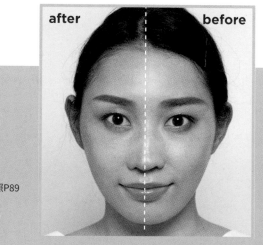

after　　　before

光線集中在額頭、臉頰、鼻樑，立體臉油然而生。同時也提升了光澤感，給人充滿朝氣的印象。

使用的化妝品

請參照P89

請參照P88
★使用的顏色

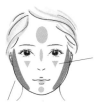

打亮粉刷
倒三角形

順著臉型斜斜地刷陰影修容粉

圓形臉

特徵是臉圓圓的、下巴沒有尖尖的、左右稍寬。陰影修容粉刷在臉的左右兩邊，而額頭上方到鼻樑以下的直線刷打亮粉。

臉頰刷橫向長型的打亮粉

下巴兩邊刷陰影修容粉，能讓下巴看起來短一點。

長形臉

特徵是左右較窄、上下較長，因此可利用陰影修容粉和打亮粉消除上下的直線。打亮粉的重點是呈現立體感，但不會強調臉長。

下巴刷圓形的打亮粉，給人柔和的印象

將臉型修飾成鵝蛋型

本壘板形臉

因為腮幫子較大，重心在臉部下方。且額頭寬，臉看起來就平平的不立體。腮幫子刷陰影修容粉讓它看起來俐落，下巴刷圓圓的打亮粉讓它看起來較柔和。

額頭正中間刷橫向長型的光影粉

下巴刷橫向長型的陰影修容粉

倒三角形臉

特徵是額頭寬、下巴尖。陰影修容粉刷在尖尖的下巴，額頭正中間刷橫向長型的打亮粉，如此一來便能消除臉型問題。

下巴刷圓形打亮粉，呈現飽滿的感覺

耳朵到太陽穴刷3字型的陰影修容粉

菱形臉

特徵是與較寬的臉頰比起來，下巴反而更纖瘦。陰影修容粉刷到靠近耳朵的地方以遮掩寬臉頰，臉頰刷倒三角形的打亮粉，同樣消除臉頰寬的問題。

不同臉型

應用 篇

陰影・打亮的方法

掌握各個特徵，配合自己的臉型刷出陰影吧！

陰影

打亮

how to

cheek color

隨著畫法的不同，印象也會改變

腮紅

顏色和質感都很多元，不同的上色塗法就有不同的印象

僅僅抹上腮紅，血色感立即呈現，給人朝氣活力的印象。此外，顏色、質感、抹的方式卻會改變整體的氛圍，小臉的效果也值得期待。重點是左右兩邊的顏色要均勻。

腮紅的種類

由於各類型的顯色都不同，就依你想要呈現的妝容來選擇吧！
建議初學者使用粉餅狀的腮紅，即使不小心抹得太厚也容易調整。

霜狀

彷彿是由內而外呈現出來的血色感，顯色佳。跟其他的腮紅比起來，特徵是質地滋潤服貼肌膚。

滋潤、血色感ＵＰ，惹人憐愛的臉頰。
腮紅霜，＃14蘋果奶油／CANMAKE

粉餅狀

雖是粉餅但抹後的質感輕柔。有光澤的也有霧面的，種類相當多，很容易挑選到自己喜歡的款式。

攜帶方便，外出補妝也能使用。柔亮腮紅，＃N01／CEZANNE

慕斯狀

特徵是宛如舒芙蕾般的蓬鬆質地，用手指就能推開。和肌膚合而為一且服貼，給人可愛的印象。

慕斯般的質地，容易和肌膚融合在一起。
雲霧腮紅，＃00535／NARS JAPAN

唇蜜狀

如水般地擴散，顏色持久不脫妝。特徵是能呈現真實的血色感。增加水潤光澤感。

不粘膩，自然服貼。植萃胭唇水染液，＃003／ADDICTION BEAUTY

\ 一定要掌握住這點！ /

│ 腮紅的基本 │

基本上是將腮紅刷在臉頰較寬的地方，以增加血色感。
刷腮紅的方法則依腮紅的種類而有所不同，但建議初學者使用腮紅刷。

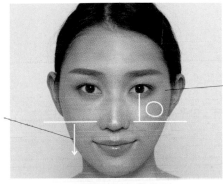

鼻子以下不刷

因為會給人臉型拉長、
鬆弛的感覺，因此腮紅
絕對不可以刷到鼻子以
下。基本上是刷在顴
骨。

**刷在黑眼球正中
間的外側**

一般來說，腮紅的位置
不會在黑眼球的內側。
但是，依臉型或是想要
呈現的印象不同，刷的
方法也不同。詳細說明
請參照P.97～99！

**依想呈現的印象
而有不同的刷法**

詳細說明請參照
P98～99！

用刷子輕拍

沾了腮紅的刷子一定要
先用衛生紙拍掉多餘的
粉再刷在臉上。

point

臉朝正面刷腮紅，
就能左右對稱了！

**注意不要刷太濃
也不要刷到鼻子以下**

太濃、位置不對，都
是腮紅常見的錯誤。重點
是少量且薄薄地一層一層
堆疊讓它顯色，才會有漂
亮的腮紅。為避免臉看起
來長，腮紅絕不要刷到鼻
子以下。

刷腮紅餅・腮紅霜的方法

用大支的腮紅刷沾腮紅餅然後刷在臉頰上，腮紅霜則是用輕拍的方式拍在臉頰上。

腮紅霜

1

用海綿沾取腮紅霜

用海綿輕壓腮紅霜。因為海綿比手指更能均勻又漂亮地抹在臉上。

2

用海綿拍在臉頰上

以輕拍的方式抹上腮紅霜。

完成！

顯色佳，有光澤感！

使用的化妝品

MINERAL STICK
CHEEK 01／MiMC

腮紅餅

1

在手背上調整一下粉量再刷在臉頰

刷子沾粉後，先在手背上調整一下粉量再刷在顴骨上。

2

往髮際的方向刷開

邊旋轉刷子邊往髮際的方向刷腮紅，增添自然的血色感。

完成！

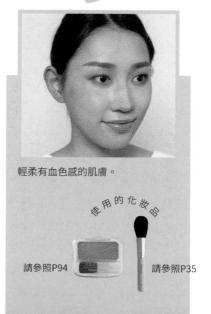

輕柔有血色感的肌膚。

使用的化妝品

請參照P94　　請參照P35

圓形臉

斜斜地刷腮紅

圓形臉不僅看起來孩子氣也缺少長度,因此就用腮紅來改變印象。從耳旁向內側斜斜地刷上腮紅,將給人成熟的感覺。

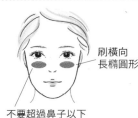

長形臉

刷橫向
長橢圓形

不要超過鼻子以下

眼睛到嘴巴之間稍長,可用腮紅解決看起來拉長的問題。眼睛到嘴巴之間的正中間稍微上面一點的地方,刷橫向長橢圓形,以縮短臉部中間的距離。

本壘板形臉

刷在顴骨,
但不刷到黑
眼球內側

腮幫子過於顯眼的本壘板型臉。為避免視線集中在腮幫子上,在顴骨的地方將腮紅刷橫向長橢圓形,便會給人俐落的印象。

倒三角形臉

圓形腮紅

重點在呈現溫和感

和圓形臉相比,倒三角形臉過於銳利且容易給人難相處的感覺,而腮紅則可呈現溫和感。顴骨刷圓形腮紅,會給人柔和的印象。

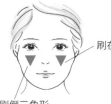

菱形臉

刷在顴骨下方

刷倒三角形

臉頰較寬的菱形臉,刷腮紅的重點在消除顯眼的顴骨。在顴骨下方刷倒三角形的腮紅,讓臉部重心稍微往下移。

不同臉型

應用篇 1

刷腮紅的方法

依臉型的不同,刷腮紅的方法也不同,不僅會改變臉的印象,更有小臉的效果。來看看不同臉型的刷腮紅的位置吧!

how to

自然可愛風

可愛腮紅

在腮紅餅上面再上一層腮紅霜，
自然有血色的可愛腮紅完成了。

從正面看的話在這裡！

刷圓形腮紅

1

腮紅餅在眼睛下方刷圓形腮紅

腮紅餅在眼睛下方輕柔地刷出圓形腮紅。

從正面看的話在這裡！

在顴骨的地方重疊腮紅霜

2

重疊一層腮紅霜

用手沾取腮紅霜重疊在1上面。位置略比腮紅餅高一點點的地方輕壓上腮紅霜。

腮紅會因為刷法或疊擦的方法不同，會從可愛風轉變為成熟風。

所以，依想呈現怎樣的容貌來刷不同的腮紅吧！

完成！

就像從裡透出來般的自然血色，超可愛！

使用的化妝品

（右）請參照P96
（左）炫色腮紅，#4081／
NARS JAPAN

緊緻效果！

成熟風腮紅

斜斜地刷腮紅，
成熟又有小臉效果。
刷的重點從臉頰內側
到耳朵旁邊。

充滿朝氣的印象

朝氣活力腮紅

用腮紅餅刷橫向長橢圓形，
整張臉呈現朝氣活力的氛圍。
建議選擇橘色系，
給人元氣的印象。

1

從臉頰內側刷腮紅餅

用腮紅刷從臉頰內側刷腮紅餅。刷子
拿斜的。

1

橫向長橢圓形的腮紅

臉頰下方用腮紅餅刷橫向長橢圓形，
給人健康的印象。

2

往斜上方刷

邊旋轉腮紅刷，斜斜地往耳朵旁邊刷
腮紅餅。刷到耳朵旁後再迴轉到臉
頰。

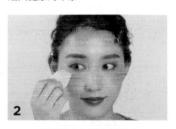

2

眼睛下方抹腮紅霜

用海綿沾取腮紅霜，橫向長形抹在眼
睛下方。抹在黑眼球外側給人亮麗印
象。

完成！

臉頰刷斜腮
紅，臉看起
來較俐落。

炫色腮紅，#4079
／NARS JAPAN

使用的化妝品

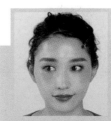

完成！

眼睛下方的
腮紅霜顯色
佳，呈現健
康活力。

（右）持色奶
凍腮紅／MAC
（左）炫色腮
紅，#4078／
NARS JAPAN

使用的化妝品

how to

眼妝・打陰影・腮紅的
煩惱Q&A

多數人在眼妝和腮紅方面，都對選色、掉色很困擾。
只要稍加留意就能簡單解決！

Q1 **眼妝太濃**

A1 眉毛
也可能
畫得太濃

眼妝太濃的人多半是眼影的收尾色和眼線畫太濃。只要記住眼尾的眼線要細，眼影用亮色等的減法化妝就行了。此外，眉毛也可能畫太濃，請搭配眼妝畫個柔和妝容吧！

Q2 **臥蠶太淺該怎麼辦呢？**

A2 壓一下眼睛的
凹處找臥蠶

臥蠶是包覆在眼睛四周一條叫做眼輪匝肌的肌肉。臥蠶太淺的人可壓一下眼睛下方的凹處就可以找到眼輪匝肌。這裡畫細細的亮米色，接著再正下方加入珊瑚紅的眼線做成陰影。若是想再時尚一點，可在眼線上再畫喜歡的顏色的眼影，就能有無違和感的臥蠶了。

3

畫眼線做陰影

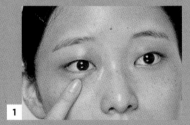

1

壓眼睛的凹處

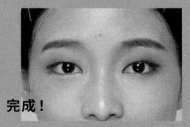

完成！

眼睛變得又亮又大！

2

用亮色遮瑕等讓眼睛變明亮

Q5 不知道哪個腮紅的顏色適合我……

A5 選和自己的 血色相似的 就不會錯！

腮紅的顏色選擇和肌膚的血色感類似就對了。用力捏一下指尖，看看指尖的顏色就是自己的血色，參考這顏色選擇吧！

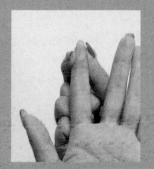

捏著的顏色就是適合肌膚的顏色

Q3 眼影都模糊了

A3 薄薄地塗抹 基礎色

眼影模糊、脫妝都是因為眼皮出油導致。眼皮要是乾燥的話，就會分泌油脂，因此化妝前須確實做到保濕。此外，薄薄地塗抹眼影的基礎色，不僅能保濕，顯色也會更好，防止眼影上色不均勻。

Q4 鼻影太濃

A4 一點一點薄薄地塗抹

鼻周的陰影或打亮畫得太濃的話，就會變得俗氣。因此，一開始就不要畫濃，畫完其他部位還有殘留的粉再盡在鼻周就可以調整粉量。

Q6 腮紅馬上就消失了

A6 腮紅餅 和腮紅霜 一起用

常常一到傍晚，腮紅餅刷的腮紅就看不見了。雖然腮紅蜜等較持久的腮紅也很好，但在腮紅餅上再疊擦固體狀的腮紅霜，就能貼合肌膚不易脫妝了。

除了手指，可用海綿沾取腮紅霜

lip color

\ 塗抹後增添華麗感 /

唇妝

整體妝感瞬間改變

唇妝能使嘴巴呈現血色感而且氣色都會變好。口紅的魅力在於顏色、質感都相當豐富，塗抹的方式會瞬間改變整體妝容的氛圍。即使是初學者也容易改變形象，試著挑戰各種顏色看看吧！

口紅的種類

大致上可分3種，各有各的質感、顯色及持久性。
建議化妝初學者用條狀口紅。

唇彩

為嘴唇增添光澤感。建議抹了條狀口紅後再上一層唇彩。特徵是比乳液略稠一點的質地。

含有豐富的油類成份，能為嘴唇鎖住滋潤。
豐漾俏唇蜜，#001／PARFUMS
・CHRISTIAN・DIOR

條狀口紅

最主流的口紅類型，每個品牌都會大量販售。塗抹時能服貼點嘴唇，任何場合皆適用。

不易脫妝、顏色持久。怪獸級持色唇膏，#03／KATE

唇筆

想將薄唇變得豐滿一點，想把嘴角畫得上揚一點，畫唇線非常方便的品項。

一體成型唇線筆，
#PK750／INTEGRATE

唇蜜

特徵是宛如替嘴唇染上了色彩且不易掉色。顯色佳且持久。有的唇蜜會因嘴唇的溫度而改變顯色。

不易沾附在瓶口，服貼於嘴唇。不掉色珊瑚系唇釉，#TINT 02／Fujiko

顏色帶來的不同

只是改變口紅的顏色就會改變臉部給人的印象。搭配整體妝容和服飾選擇口紅，
嘴唇就不會顯得特別突出而能合而為一了。

橘色口紅

活力、親切的魅力
色。用在元氣妝或是
夏季，給人爽朗的印
象。

時尚百變唇膏，#009
／KOSE

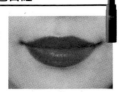

粉紅色口紅

任何場合皆適合且給
人好印象的顏色。從
珊瑚粉到玫瑰粉等各
種粉色都有。

時尚百變唇膏，#021
／KOSE

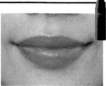

褐色口紅

一抹即成時尚的嘴
唇。建議秋冬使用。
從帶點紅的褐色到粉
褐色，種類相當豐富。

時尚百變唇膏，#004
／KOSE

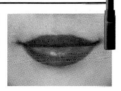

紅色口紅

相當有存在感的顏
色，女性魅力展現無
遺。建議紅色口紅作
為妝容的重點色。

時尚百變唇膏，#001
／KOSE

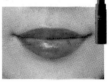

質感帶來的不同

想要水嫩水嫩感的就抹有光澤的、想要有時尚感的就抹無光澤的，
搭配想要的妝容選擇口紅吧！

無光澤（霧面）

極美的顯色，呈現時尚感的嘴唇。給人
整齊規律的感覺，適合上班族使用。

超持久霧感液態唇膏，#175／MAYBELINE

光澤

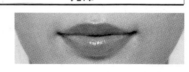

特徵是有光澤感、水潤Q彈的質感。建
議約會等場合使用。

ESSENCE ROUGE S，#RS01／PARA DO

透明

特徵是抹後呈現的透明感。自然優雅的
顯色，建議搭配自然妝使用。

激情過後嫩唇膏，#1383／NARS JAPAN

亮粉

閃閃亮亮呈現嘴唇的魅力。建議華麗的
場合使用。

豐漾俏唇蜜，#010／PARFUMS・
CHRISTIAN・DIOR

｜ 唇妝的基本 ｜

口紅雖然因顏色、質感而會改變整體氛圍，
但基本上還是以抹出豐唇為目標，用條狀口紅塗抹吧！

想要改變
唇形時用
唇筆

只描繪嘴唇的中間

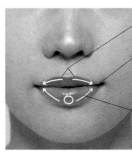

唇峰

嘴角

從中間
往嘴角
塗抹

按下唇、上唇的順序
重複抹2次

抹口紅的方法竟會有這樣的不同！

即使是同一個嘴唇，因塗抹的方法不同就會呈現不同的唇形。詳細請參照P106！

高形唇

普通唇

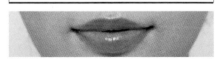

長形唇

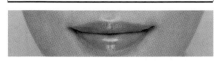

鴨嘴唇

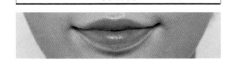

point

想要有自然立體感的嘴唇，
重點在用唇蜜塗抹在嘴唇正中間，
下唇塗抹薄薄的一層就行了。

改變畫唇峰的方法，
就能改變唇形

無論是上唇還是下唇，都是從嘴角往中間塗抹，顏色就在嘴唇中間豐盈了起來。此外，換了塗抹方式以及唇峰的畫法都會改變唇形，也會有小臉效果。

| 唇筆 | 條狀口紅 |

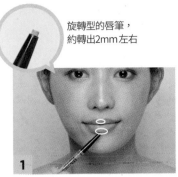

旋轉型的唇筆，約轉出2mm左右

1
描下唇的中間和上唇的唇峰

首先，只描上唇和下唇的中間以調整唇形。

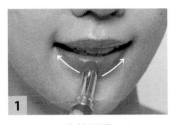

1
塗抹下唇

嘴巴微微張開，從嘴唇中間分別往左右嘴角塗抹。重複塗抹2次。

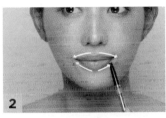

2
接著描到嘴角

描完下唇中間後，接著分別往左右兩邊描到嘴角，上唇同樣描到嘴角。重點在要將描到嘴角的上下兩條線連起來。

2
上唇要豐盈

上唇同樣從嘴唇中間分別往左右嘴角塗抹。塗抹唇峰時不要過度用力塗抹。

完成！

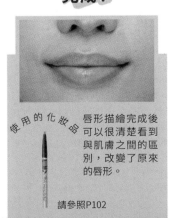

唇形描繪完成後可以很清楚看到與肌膚之間的區別，改變了原來的唇形。

使用的化妝品

請參照P102

完成！

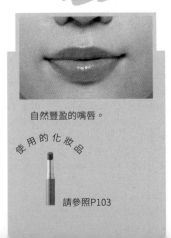

自然豐盈的嘴唇。

使用的化妝品

請參照P103

展現豐盈的嘟嘟嘴

基本篇

塗抹唇膏的方法

條狀口紅不會將嘴唇輪廓塗抹太明顯，而是自然的妝感。

想改變唇形就用唇筆。

how to

可愛唇

鴨子嘴

嘴角上揚的可愛鴨嘴唇。
重點在利用遮瑕膏隱藏嘴角線條讓唇峰更明顯。

變身想要的
唇形吧！

應用篇

唇妝的塗法

利用遮瑕膏和唇筆改變唇形，
便能遊玩於可愛的鴨嘴唇、優雅的長形唇之間。

用遮瑕膏隱藏唇線

用接近膚色的遮瑕膏隱藏唇峰以外的唇線。嘴角稍微塗粗一點。

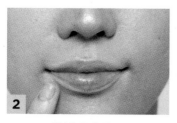

將遮瑕膏暈開

用手指以拍壓的方式將遮瑕膏暈開。若用摩擦的方式暈開會容易脫妝，請輕輕地拍壓。

口紅只塗抹在唇峰

口紅只塗抹在唇峰。一般的條狀口紅也行，但若要塗抹較細部的地方，建議用蠟筆型的口紅。

完成！

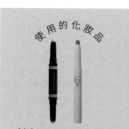

使用的化妝品

（右）WHOMEE MATTE LIP
CRAYON X.S PINKY BEIGE／
Nuzzle
（左）請參照P51

變身擁有豐盈唇峰的可愛
鴨嘴唇！

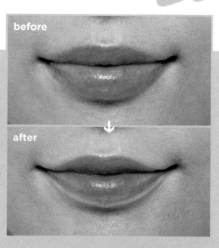

before

after

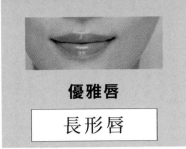

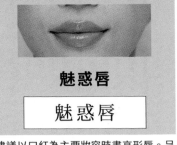

優雅唇

長形唇

強調長度的唇形的特徵是看起來很優雅。用唇筆將嘴角描粗一點，就成了恰如其分的長形唇。

魅惑唇

魅惑唇

建議以口紅為主要妝容時畫高形唇。呈現撫媚動人的氛圍。

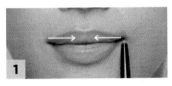

1

從唇峰往嘴角畫平直線

嘴角稍微畫粗一點。下唇的中間不描，只描嘴角。

1

用唇筆將唇峰描高一點

用唇筆從嘴角往唇峰描，描有高度的弧形，將嘴唇包圍起來。

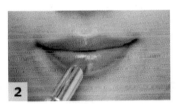

2

塗抹唇線

用條狀口紅塗抹在1的上下唇線之間。邊旋轉口紅邊塗抹下唇。

2

塗抹唇線

用條狀口紅塗抹在1的上下唇線之間。抹的時候要注意弧線的高度。

完成！

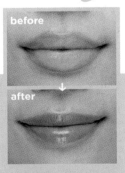

before

after

剛剛好的厚唇（overlip）。下唇較薄的人建議也可以畫這唇形。

完成！

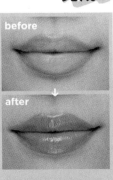

before

after

高度有了，豐盈的唇也有了！

共同使用的化妝品

請參照P102　請參照P103

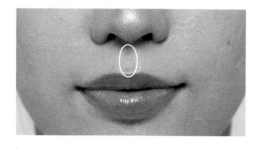

什麼是人中

人中指的是鼻子與嘴巴之間的凹痕。這裡若是太長，臉看起來就顯大。

1

將光澤系的口紅塗整個嘴唇

將整個嘴唇塗上光澤系口紅，呈現豐盈Q彈唇。

3

用唇刷暈開

用唇刷將唇峰暈開，呈現自然的印象。

2

用無光澤口紅畫出唇峰

用條狀或是蠟筆形的無光澤口紅，在上唇畫出唇峰線。畫略比實際的唇線多出1mm左右的線。

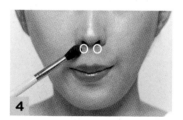

4

用陰影修容粉做陰影

用刷子沾取陰影修容粉在鼻子下方畫陰影，這麼一來，到嘴巴之間的長度看起來就短些了。

事實上，可用唇妝縮短人中，也能達到小臉效果。重點在於搭配陰影修容粉製造陰影就行。

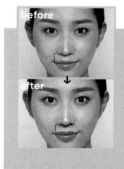

before

after

完成！

鼻與口之間的人中距離縮短了！臉看起來也小了一號！

使用的化妝品

（右）請參照P106
（中）請參照P103
（左）請參照P88
★使用的顏色

\請教我！　梶繪里子老師！/

唇妝的煩惱Q&A

有關掉色、嘴角暗沉等常見口紅的煩惱。
重點是在塗抹口紅前確實做好嘴唇保養。

Q3 很介意唇緣的暗沉……

A3 用唇筆 隱藏起來

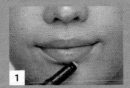

1

唇緣暗沉會讓整個嘴唇
看起來暗沉，首先，用
遮瑕膏將暗沉隱藏起
來。接著再用唇筆描嘴
角，就會提升嘴唇的色
調了。

**用條狀遮瑕膏
在唇緣描V字**

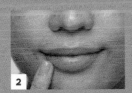

2

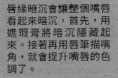

4

**暗沉的地方用手指
將遮瑕膏暈開**

抹上條狀口紅

3

完成！

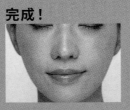

**用唇筆描
暗沉的地方**

嘴唇變明亮了！

Q1 很討厭口紅會沾到口罩！

A1 一定要先用 衛生紙 抿一下！

上好口紅之後一定要先用衛生紙抿一
下。即使是不容易沾口罩的口紅，在
塗抹之後就立刻戴上口罩也是絕對會
沾上的。因此，先拿張衛生紙將多餘
的油份抿掉再戴口罩就不容易沾到口
罩上了。容易掉色的話，請重複塗抹
2～3次→再抿掉。

用衛生紙輕壓

Q2 該如何保養嘴唇上的唇紋？

A2 保濕很重要！

嘴唇保濕非常重要！除了塗抹護唇
膏，最好是用唇膜來做特別的保
養。此外，若是在意唇紋的話，可
選不凸顯唇紋的光澤系或亮粉系的
口紅，可使嘴唇看起來水潤Q彈。

\完美妝容的關鍵/

梶惠里子流　肌膚保養術

即使化妝技巧再高超，怠惰了基礎的肌膚保養，一樣畫不出美麗妝容。
這裡將介紹我長久以來實行的肌膚保養術！別忘了調整好肌膚狀態再化妝喔！

起床立刻化妝時

洗臉
↓
敷面膜
↓
化妝水
↓
乳液（乳霜）

> 起床一段時間後要化妝時，用化妝棉輕輕擦拭掉臉上的油光或灰塵再化妝喔！

早上敷面膜能給肌膚帶來滿滿的滋潤並預防乾燥脫妝、面泛油光。還能緊緻毛細孔把妝化得很漂亮。

夜晚的肌膚保養

卸妝
↓
導入美容液
↓
敷面膜
↓
化妝水
↓
乳液（乳霜）

> 擦化妝水時，稍微抬頭，利用重力讓化妝水完全吸收到肌膚裡面。

水藍色上衣／造型師的私人物品

一般來說都是卸妝後再洗澡，因此洗完澡請先擦導入美容液再敷面膜，以緊緻肌膚。

> 這時該怎麼辦？

水腫的處置

針對蒸氣乳霜或溫熱的毛巾暖暖臉並按摩。尤其是眼周的眼窩、顴骨下方、輪廓線到太陽穴，輕壓按摩促進血液循環！

肌膚粗糙等問題的處置

針對面皰的對策是好的睡眠、保濕、專用藥。這些都是因為生活不規律所致，建議飲食上以蔬菜為主，自己打蔬果汁、控制甜食等。

粉紅色、橘色、棕色等顏色的使用方法

人氣彩妝顏色
✕
穿搭關鍵技巧

化妝的樂趣就是用顏色變換各種容貌。

本章將解說人氣色的粉紅色、橘色、褐色的彩妝技巧！

除了化妝，還有服裝、小物的整體穿搭，以提升自然的時尚氣質。

一起來看看化妝✕穿搭的組合吧！

Pink

大人的可愛粉紅彩妝

以手邊的一樣粉紅色東西為主題的妝。
眼睛、嘴唇抹薄薄的裸粉色（pink beige），
微微的腮紅就像從肌膚透出來般的血色感，可愛度ＵＰ！
重點在濃淡得宜的自然感。

A 上衣／LADYMADE
耳環、項鍊、戒指／enjoueel

粉紅彩妝的重點在這裡！

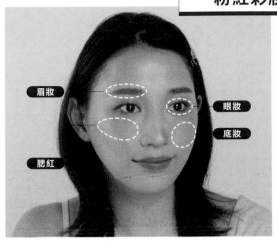

眉妝

眼妝

底妝

腮紅

裸肌般的透明感，提升可愛度！

粉紅妝不可少的是做好基礎。重點在選擇能呈現光澤感的飾底乳，抹上後就像沒抹般的裸肌。用條狀腮紅在臉頰抹圓形腮紅，呈現好氣色感的肌膚，可愛度破表。

底妝	眉妝	眼妝	腮紅
用水潤飾底乳提升光澤感	眉毛稍微畫下垂一點呈現溫柔氣質	眼睛抹粉紅色、米黃色、豆沙棕呈現成熟可愛風	重疊腮紅餅和條狀腮紅的可愛腮紅

選擇粉紅彩妝的化妝品

比起帶藍色的粉紅色，選擇接近肌膚的粉米色或是暗粉紅色，可畫出恰如其分的甜美妝。
底妝要有透明感，重點妝則選擇無光澤系的，混合兩種質感。

a b c d e f g h

〈使用的化妝品〉

a：請參照P58
b：WHOMEE EYE BROW POWDER LIGHT BROWN／Nuzzle
c：深邃雙色眼影，#02／ETTUSAIS
d：激細滑順眼線膠筆，#07／CANMAKE

e：請參照P96
f：請參照P98
g：& WOLF SHIMMER NUDE ILLUMINATOR／SIROK
h：晶采透霧唇膏，#02／SUQQU

粉紅彩妝・技巧

眉妝	底妝

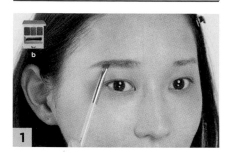

眉尾稍微往下垂畫

用眉彩餅**b**的中間顏色畫拱形眉山，眉尾則稍
微往下垂畫。

用飾底乳讓肌膚變滑順

全臉塗抹**a**，輕輕地推勻。肌膚變滑順，透明
感UP。

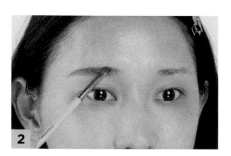

暈開眉毛的輪廓

眉毛上方和下方的輪廓用眉彩餅暈開。眉頭也
要暈開。

徒手輕壓全臉讓肌膚徹底吸收

徒手輕輕按壓全臉，讓肌膚徹底吸收飾底乳。
接著再薄薄地塗抹粉底。

微微下垂的柔和眉

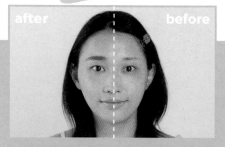

after　　　　　before

比拱形眉更能給人溫柔印象的垂眉完成了！亮
褐色的輕蓬眉。

有透明感的底妝！

有光澤感的飾底乳呈現宛如裸肌般的效果，有
透明感的肌膚完成了。

眉毛的眉尾稍微下垂，給人溫柔的印象。
而腮紅也要有澎潤感，重點在整體呈現溫柔氛圍的妝容。

眼妝

上眼線畫短一點

用d的豆沙棕畫眼線。稍微畫短一點且微下垂。

畫下眼線

往黑眼球稍微往外側一點的地方畫短短的眼線。注意不要畫到眼尾。

重點是豆沙棕的眼線

眼妝用粉褐色系。短短的眼線給人溫柔的印象。

整個眼皮都畫上眼影

用c的淡粉紅色畫在整個眼皮上以呈現光澤感。一直畫到眉毛下方呈現深邃感。

畫出漸層

在1的上方重複畫c的粉褐色。畫到微張開眼睛看得到的地方。

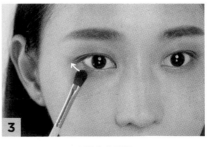

下眼皮也要畫

用同樣的粉褐色畫在下眼皮的黑眼圈外側到眼尾處即可。

腮紅・打亮

1

腮紅餅上再重複塗抹條狀腮紅

在略比鼻尖高一點的地方用f塗抹橫的橢圓形，接著再用e的條狀腮紅重複塗抹在顴骨上。

2

以C區域為中心打亮

用海綿沾取g的光影粉，塗抹在下眼皮下方到C區域，以呈現光澤感。

可愛腮紅完成！

重複塗抹腮紅霜，就會有自然血色感。打亮粉也提升了肌膚的透明感。

唇妝

1

先下唇再上唇的順序塗抹口紅

用h。注意不要抹得太厚，下唇和下唇都重複塗抹2次。注意不要太用力塗抹。

2

用手指暈開

用手指將口紅暈開，呈現柔和感。

粉裸色的柔和唇

因為沒有勾勒唇線，整體呈現柔和的感覺。這顏色給人溫柔的印象。

\ 彩妝更耀眼奪目，時尚度UP！/

推薦給粉紅色彩妝的妳！ 穿搭建議

建議可愛粉紅色的整體穿搭，
時尚也會因白色、薰衣草紫等顏色給人溫柔印象。

要走帥氣風，酒紅色是重點

決定打扮帥氣粉紅妝時，
就將褐色系的酒紅色裙子
作為整體搭配的重點。

短靴／CHARLES & KEITH、
其他全是造型師的私人物品

舒適端莊的寬鬆襯衫

寬鬆的襯衫搭配合身的粉
紅色長褲，和可愛的粉紅
色妝容超搭。

手提包／CHARLES ＆
KEITH、其他全是造型師的私
人物品

展現女性溫柔面的薰衣草紫

輕柔的素材感加上和妝容
同一色系的薰衣草紫洋
裝，給人好印象的穿搭。

洋裝／LAYD MADE、手提包
／CHARLES & KEITH、高跟
鞋／神戶LETTUCE

想在穿搭中加入
適合粉紅色彩妝的顏色組合

因為粉紅妝給人甜美可愛的印象，因此，
搭配的顏色也要淡色系或同色系的粉米色，色調才會一致。
若是想要再突出一點，建議帶有酒紅的褐色系。

 米白色

 薰衣草紫

 酒紅色

 粉米色

Orange

甜美好印象的
橘色彩妝

給人開朗健康印象的橘色，
其魅力在於顏色親膚
且呈現自然好氣色。
眼皮加入霧面珠光、鼻樑打亮，
增添光澤感的同時也更顯元氣！

A上衣／私人物品、首飾／enjouvel

橘色彩妝的重點在這裡！

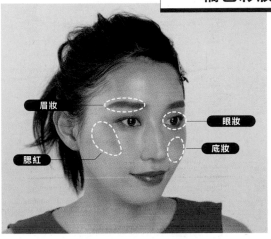

- 眉妝
- 眼妝
- 底妝
- 腮紅

亮麗光澤感的健康印象

橘色妝的重點在於呈現健康亮麗的印象。稍短微粗的眉毛充滿活力，顴骨上的可愛腮紅，打亮呈現的水潤光澤感等等，健康妝容完成了。

底妝	眉妝	眼妝	腮紅
氣墊粉底呈現自然光澤感	眉尾微粗，給人活力印象	眼皮加入霧面珠光，光澤感UP	腮紅刷在臉頰較高的顴骨上，呈現健康印象

選擇橘色彩妝的化妝品

比起亮橘色，選擇穩重的橘色系，不僅是夏天，任何季節皆適用。
質感選擇帶點光澤的，整體妝容呈現溫暖健康的感覺。

a　　b　c　　d　e　f　　　g　　h　i　　j

〈使用的化妝品〉

a：瞬效水凝光氣墊粉餅SPF50+/PA+++，#00508／NARS JAPAN
b：請參照P88
c：CHOCOLAT SWEET EYES SOFT MATTE 101／RIMMEL
d：美肌單色眼影，#G13／CLIO
e：零阻力眼線液，#05／CANMAKE
f：魅光藝采睫毛膏，#02／THREE
g：請參照P98
h：請參照P99
i：請參照P88
j：& WOLF TREATMENT NUANCE ROUGE TR-002／SIR

橘色彩妝・技巧

眉妝	底妝

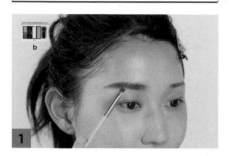

眉毛上部稍微畫直一點

用**b**的眉彩盤,將眉毛上部的眉山從黑眼球到外側稍微畫直一點點。

使用氣墊粉底

全臉擦完飾底乳之後,用**a**的氣墊粉底打造有光澤的底妝。

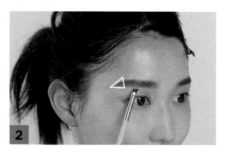

眉尾的三角部位要粗

眉尾不要細,和眉毛下部連結的時候,三角的部位要畫粗。尾寬的感覺。

輕拍上妝

氣墊粉底薄薄地塗抹就具有遮瑕力,因此,輕拍上妝就OK。

微粗的眉毛給人活力印象

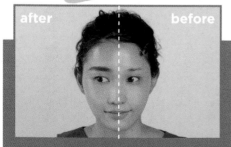

after　before

眉尾三角部位粗,呈現浪漫舒適感的眉型。特徵是眉山沒有稜角。

有光澤感的肌膚!

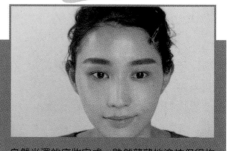

自然光澤的底妝完成。雖然薄薄地塗抹但很均勻,肌膚也很光滑。

因為橘色化妝品比較顯色，塗抹時注意不要太濃，
重點運用在眼妝和腮紅上就能擁有自然光澤感。

眼妝

畫眼線

用e在眼尾畫上眼線。下眼線則從眼尾往黑眼
球的外側畫。

眼皮全畫橘色

將c的橘色眼影畫在整個眼皮上。眉毛下方薄
薄地即可。

用有色睫毛膏統一色調

搭配眼線的顏色，刷上f的赤褐色睫毛膏。

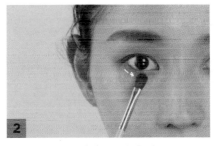

重複畫上赤褐色

將c的赤褐色畫在上眼皮的眼周並暈開。下眼
皮則從黑眼球的外側向內畫。

有點不一樣的橘色眼睛

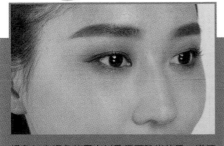

橘色加赤褐色的層次以及霧面珠光效果，增添
光澤感並給人亮麗的印象。

加入霧面珠光以呈現光澤感

用手指沾取d塗抹在眼皮的中間。下眼皮的黑
眼球下方輕輕地塗抹上去以呈現光澤感。

鼻子側面打亮

用海綿沾取**i**的打亮粉塗抹在鼻尖，以呈現光澤立體感。

塗抹半透明的口紅

因為眼妝已經有了光澤感，口紅就只需塗抹半透明的橘色以平衡整體的感覺。

額頭打亮

額頭的髮際處塗抹弧形光影粉，以呈現立體感。下巴也可以塗抹。

眼睛下方刷腮紅餅

將**g**的腮紅餅以倒三角的方式刷在眼睛下方。倒三角形有小臉效果。

橘色腮紅使肌膚看起來更加健康

因為臉部中間打亮，使得光線集中在橘色腮紅上，看起來更加有精神。

重複塗抹腮紅霜

用海綿沾取**h**，以輕拍的方式從眼睛下方到顴骨塗抹腮紅霜。

＼ 彩妝更耀眼奪目，時尚度UP！ ／

推薦給橘色彩妝的妳！ 穿搭建議

橘色彩妝的特徵是活力亮麗的印象。
以丹寧等休閒服飾或是大地色作為整體穿搭。

Cool

Casual

Feminine

建議時尚高級班的
妳選擇開心果綠

開心果綠的穿搭能凸顯出
橘色妝的魅力，一看就是
時尚達人。

- - - - - - - - - - - - - -

高跟鞋／R&E、其他全是造型
師的私人物品

舒適的牛仔褲穿搭，
非常適合健康妝

適合健康妝的牛仔褲穿
搭。肩批紅色針織衫，更
顯清爽舒適。

- - - - - - - - - - - - - -

全是造型師的私人物品

整體的棕色系穿搭，
讓橘色妝更惹人愛

棕色系較女性化的服飾與
橘色妝相當吻合，整體穿
搭惹人憐愛。

- - - - - - - - - - - - - -

高跟鞋／R&E、其他全是造型
師的私人物品

想在穿搭中加入
適合橘色彩妝的顏色組合

搭配橘色妝的健康印象，建議選擇溫暖的暖色系或大地色。
自然時尚的整體穿搭完成。

米色

開心果綠

綠色

芥末黃

Brown

高雅穩重印象的
大地色彩妝

作為主色的人氣棕，
若選擇淺灰黃色、霧金色，
將呈現成熟、帥氣又可愛的
氛圍。用修容、
打亮製造陰影，
眼睛畫看起來細長
且炯炯有神的線條，
立體的五官完成。

上衣、首飾全是造型師的
私人物品

大地色彩妝的重點在這裡！

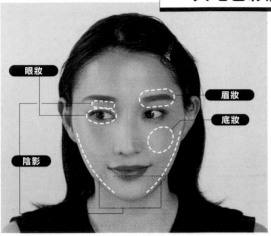

眼妝

眉妝

底妝

陰影

以疊擦的層次
打造鮮明亮麗的容貌

由於大地色相當親膚，重疊的層次能使妝容呈現深邃勁酷的感覺。此外，若想要潔淨美人風的妝容，重點妝就要是鮮明細長的樣子。

底妝	陰影	眉妝	眼妝
完美無瑕肌	加在眉毛下方打造深邃感	眉尾稍長的成熟感	用棕色的液態眼線呈現鮮明感

選擇大地色彩妝的化妝品

勁酷的大地色妝就要以淺灰黃的霧金色、
無光澤質感的棕色做重點妝使用，呈現成熟高雅的妝容。
而重疊的層次更加凸顯臉部的立體感及緊緻效果。

a　b　c　d　e　f　g　h　i　j

〈使用的化妝品〉

a：COLORSTAY™ 持久無瑕裸光氣墊粉餅，#004／REVLON
b：請參照P88
c：凝光潤采盒，#01／THREE
d：請參照P60
e：時尚焦點小眼影，#WEDGE／MAC
f：時尚焦點小眼影，#MULCH／MAC
g：請參照P78
h：請參照P82
i：柔亮腮紅，#N19／CEZANNE化妝品
j：ROUGE ESSENTIEL SILKY CRÈME LIP STICK 05／LAURA MERCIER JAPAN

大地色彩妝・技巧

陰影・打亮	底妝

臉周加入陰影

用刷子沾取**c**，從額頭側面開始沿著輪廓線刷到嘴旁。

用氣墊粉底

用飾底乳調整好肌膚後，再以**a**的氣墊粉底打造無光澤肌。

眉毛下方也要加入陰影

為打造深邃眼眸，眉毛下方到鼻根要加入陰影。**B**的亮色刷在**C**的位置。

輕拍上妝

海綿不要用摩擦肌膚的方式，需以輕拍上妝才會均勻。

輪廓線鮮明，整體呈現立體感

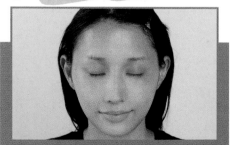

陰影的效果使得輪廓線更顯緊緻，眼周也呈現立體感。

細緻肌

顏色均勻，宛如陶器般的美麗肌膚。若有在意的部位，重複塗抹氣墊粉底也沒問題。

和其他化妝的方式略有不同，先以陰影和打亮打造立體感，
再以重點妝平衡整體妝容。

眼影

棕色眼影畫在眼窩

用刷子沾取e畫在整個眼窩上。重點在畫圓形眼影。

重複畫上深棕色眼影

用刷子沾取f重複畫在雙眼皮的位置呈現層次感。下眼皮則是從黑眼圈下方往外畫。

棕色層次展現成熟魅力

重點在穩重的棕色。因為眼睛中間的顏色較深，眼神自然提升。

眉妝

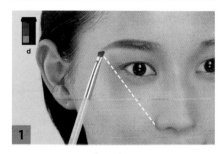

眉尾稍長

用d畫眉毛。眉尾設定在與鼻翼連結的延長線上，稍長的眉毛呈現成熟感。

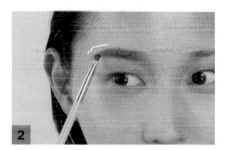

帶點角度的直線眉

眉毛下部畫與眼睛平行的直線。眉山畫略上揚的角度。

成熟且酷的眉毛完成！

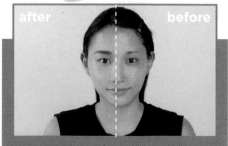

比眼尾稍長的眉毛給人成熟印象。而不會太粗的眉毛也是這妝容的重點。

唇妝・腮紅

抹棕色口紅

搭配眼妝抹j的棕色口紅，完美演出氣質美唇。

眼睛下方的高處加入微窄的腮紅

將i在眼睛下方的高處薄薄地加入倒三角形的腮紅。腮紅不要抹太寬。

米色腮紅給人帥氣印象

自然感的米色腮紅具有陰影效果，臉型看起來更鮮明。

眼線・睫毛膏

棕色眼線

棕色的眼線液g畫在眼尾。眼線稍長且眼尾的眼線微翹。

濃密型睫毛膏

濃密型睫毛膏h從睫毛根部開始刷，增加立體感。

明亮大眼完成！

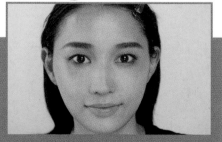

以鮮明的液態眼線強調眼神，完成了深邃立體的眼睛。

\ 彩妝更耀眼奪目，時尚度UP！ /

推薦給大地色妝的妳！ 整體穿搭

搭配妝容，建議服裝也以帥氣系做為整體穿搭。
溫柔可愛造型也選與妝容同色系的話，整體色調就會一致了。

Cool

Casual

Feminine

決定成熟裝扮的話，就用黑色來展現

酷勁的黑色皮衣和成熟的棕色妝相當契合，洗鍊帥氣度UP。

- - - - - - - - - - - - - - - - - -

夾克、上衣／皆是MERCURYDUO，涼鞋／REZOY，其他全是私人物品

搭配卡其色，呈現自然輕便感

白色配卡其色外套便完成與棕色妝相當吻合的搭配。

- - - - - - - - - - - - - - - - - -

圓領衫／Noela，布鞋／wee willie(R&E)，其他全是私人物品

以大地色系統一色調的溫柔可愛造型

搭配妝容的棕色柔和材質上衣，整體穿搭相當一致。

- - - - - - - - - - - - - - - - - -

上衣、針織背心、裙子／皆是LADY MADE，手提包／CHARLES & KEITH，鞋子／Isn't SHE?

想在穿搭中加入
適合大地色妝的顏色組合

酷帥風的大地色妝，小物的顏色建議也要是穩重的顏色。
純黑色的穿搭會使妝容更加鮮明。

 黑色　 深棕色

 灰色　 卡其色

\ 仔細保養工具 /

長時間舒服地使用 清洗刷具的方法

關於刷具已在P32說明過了，但每天的清潔保養也很重要。
即使是買了品質很好的刷子，若不確實保養，
刷在臉上的顏色就不會均勻好看。
一起來學正確的保養方法吧！

> 如果已經感覺到刷具
> 無法刷出好看的妝，
> 或是刷具變髒了時，
> 就請洗一洗吧！

保養刷具的方法

1. 中性清潔劑或洗髮精倒入容器中攪拌均勻，清洗刷子。
刷具不要在容器上摩擦清洗。而熱水也會傷害毛質，
因此請用冷水或溫水清洗即可。

↓

2. 用水清洗完後，請放在面紙或毛巾上面，
再用水沖洗一次。

↓

NG

OK

3. 另外再拿面紙或毛巾輕輕地擦乾，然後橫著放乾。
因為要是朝上放，金屬及柄的部分會因為
水往下流而變質。

↓

4. 腮紅刷等容易起毛球，
請用面紙輕輕地包起來放乾。

> 請避開日光
> 直射的地方曬乾！

化妝的同時清除髒汙

用過的刷具要再用在其他顏色時，請先用濕紙巾擦去髒汙。日常的保養也先
用濕紙巾擦的話，髒汙就不容易堆積在刷具上了。

> 過度
> 清洗NG

KAJIERI'S MAKE

圓臉、單眼皮……etc.修飾、活用臉部煩惱

活用五官優點
×
畫出自信的化妝術

臉圓看起來幼稚、單眼皮的眼睛看起來小，一點都不突出……。

可藉由化妝技巧將這些煩惱隱藏起來。

此外，除了隱藏起煩惱，也要介紹活用自己本身個性的化妝技巧！

無論是隱藏還是活用，兩方面都瞭解的話，

便能愉快地享受化妝時間，更加喜愛自己的臉喔！

※推薦的化妝品都會標示出來，若有沒出現的化妝品就請用自己的。

修飾圓臉的彩妝術

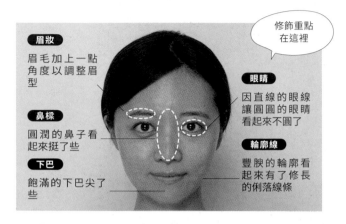

修飾重點
在這裡

眉妝
眉毛加上一點
角度以調整眉
型

鼻樑
圓潤的鼻子看
起來挺了些

下巴
飽滿的下巴尖了
些

眼睛
因直線的眼線
讓圓圓的眼睛
看起來不圓了

輪廓線
豐腴的輪廓看
起來有了修長
的俐落線條

**以眉型和
陰影修補
圓臉**

臉圓的煩惱是豐腴的輪廓線，讓臉看起來比實際要大且給人稚氣的印象。重點是利用眉型、陰影、打亮、加長輪廓來隱藏圓臉。

修飾圓臉的技巧

打亮

用**a**的眼影在眼尾做層次，在眼摺加入細細的收尾色。用**b**的眼線在眼尾畫微上揚的眼線，呈現鮮明印象。圓圓的眼睛因直線而隱藏了稚氣。

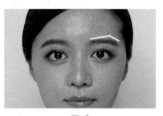

眉毛

用**g**將眉山畫一緩和的角度以呈現立體感，也稍微畫長一點以呈現成熟感。目標畫個美人眉。

腮紅・口紅

用**d**的腮紅從太陽穴和耳邊往內側刷以隱藏圓臉。用**F**的口紅呈現洗鍊自然感，成熟大人妝完成。

陰影・打亮

陰影

打亮

用**c**在下巴兩側、側臉、眉頭下方到鼻根加入陰影以強調修長的線條。用**e**在額頭、鼻尖、臉頰內側打亮，讓鼻樑看起來美美的。下巴要畫倒三角形，看起來才會尖尖的。

強調修長線條，
變身為成熟美女！

用陰影、打亮使下巴和輪廓線看起來
有了修長的纖細感，完全轉變為成熟大人臉。
眉毛也因有角度的美人眉使得整個臉龐更緊緻，
呈現洗鍊氛圍。

白襯衫／造型師的私人物品
項鍊、耳環／enjoueel

〈推薦主要使用的化妝品〉

a：請參照P70
b：請參照P78
c：3D立體霧光修容餅，#5241／NARS JAPAN
d：棕采調色頰盒，#01／RMK Division
e：魅惑面部光影粉餅，#01／LAURA MERCIER JAPAN
f：絕對經典唇膏，#2913／NARS JAPAN
g：請參照P60

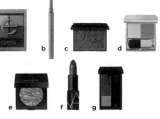

活用圓臉彩妝術

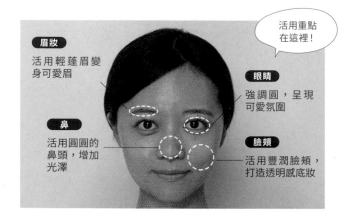

活用重點
在這裡！

眉妝
活用輕蓬眉變身可愛眉

眼睛
強調圓，呈現可愛氛圍

鼻
活用圓圓的鼻頭，增加光澤

臉頰
活用豐潤臉頰，打造透明感底妝

重點是有光澤感的底妝與溫柔的眼妝

活用給人溫柔印象的圓臉，藉由光澤感及透明感的底妝，提高好感度。眼線不特別加長，用眼影和睫毛膏成現眼睛的縱長，圓潤大眼即完成。

活用圓臉化妝術

眼妝

用**b3**的淺粉色畫在眼窩，眼頭用**b2**的深粉紅色畫出層次。用**c**的霧面珠光畫在黑眼圈下方的眼皮上，呈現水潤明亮大眼。用**d**的纖長型睫毛膏強調縱深。

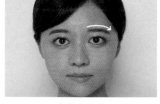

底妝・眉妝

用**a**的校色調色霜打造臉頰的透明感，嘴唇用**a**的粉紅色調色霜呈現血色感。眉毛的上方畫圓弧線往眉尾畫，畫出眉尾下垂的可愛沒，整體給人溫柔印象。

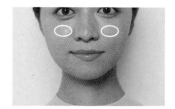

腮紅・唇妝

先用**f**臉頰中間畫圓，接著再重疊**e**，給人可愛印象。用**g**的光澤系粉紅色口紅增添淡淡的夢幻感。

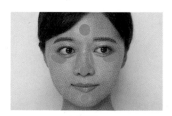

打亮

用**h**畫在顴骨和眼頭下方以呈現光澤感。接著在額頭、鼻頭、鼻子兩旁、下巴加入珍珠系打亮粉，呈現高雅氣質。

活用圓&粉紅色化妝品，營造優雅可愛印象

活用眼睛和臉頰的圓，並且眼影和腮紅都用粉紅色系，
整體圓圓的會給人可愛印象。
底妝的透明感，惹人愛的人氣妝完成。

紫色上衣／And Couture
耳環／造型師的私人物品

〈推薦主要使用的化妝品〉

a：請參照P44、P47
b：光漾珠光眼彩盤，#04／JILL STUART BEAUTY
c：奧可玹瘾彩眼影，#005SP／ADDICTION BEAUTY
d：B IDOL LOVE LASH MASCARA 04 NAGASHI ME BROWN／
　　KANALABO
e：蘋果肌腮紅棒，#03／CEZANNE
f：炫色腮紅，#4084／NARS JAPAN
g：請參照P103
h：請參照P88

隱藏單眼皮的彩妝術

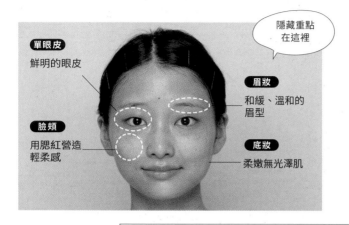

單眼皮
鮮明的眼皮

臉頰
用腮紅營造
輕柔感

隱藏重點
在這裡

眉妝
和緩、溫和的
眉型

底妝
柔嫩無光澤肌

**用脫俗感美妝呈現
自然立體感以
隱藏單眼皮**

單眼皮容易讓人看起來覺得單調也有點腫腫感。而隱藏單眼皮妝是利用棕色層次營造自然立體感，呈現可愛印象。

隱藏單眼皮妝的技巧

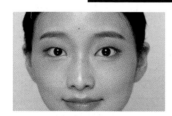

眼線

用黑色畫眼線看起來會太沉重，用**c**的棕色眼線筆細細地從中間往眼尾畫，並畫超出眼尾2mm。睫毛膏則是用**d**的深棕色打造清新脫俗感，給人華麗印象。

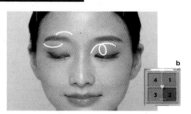

眉妝・眼影

用**a**從眉頭到眉毛上方的正中間和眉尾下方的輪廓暈開，眉型看起來就和緩一點。用**b1**的無光澤珊瑚色塗抹在整個眼窩，接著用**b2**的棕色畫在眼睛睜開時約1mm左右的寬度，形成具有層次的自然大眼。最後再用**b3**的霧面珠光直直地畫在眼睛中間以增加立體感。

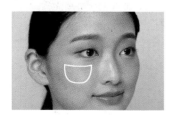

腮紅・唇妝

腮紅選擇具透明感的無光澤橘色**f**，在臉頰畫半圓形，看起來豐潤。口紅則搭配腮紅選擇橘色的腮紅蜜，呈現血色感。

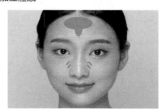

底妝・打亮

打亮

使用無光澤底妝。用**e**的打亮粉在額頭畫香菇狀，因為是強調髮際，額頭看起來就會圓圓的。重點是利用刷子的前端，從鼻翼往臉頰刷以增加明亮度。

柔嫩無光澤肌和眼睛
營造出韓式自然可愛的氛圍

底妝加上腮紅呈現出柔嫩無光澤的肌膚，
給人溫柔婉約的印象。眼睛也因為有了立體感，
單眼皮不再那麼明顯，
韓國女偶像般的可愛度ＵＰ！

綠色上衣、耳環／
造型師的私人物品

〈推薦主要使用的化妝品〉

a ：請參照P60
b ：浪漫四色眼影盤，#01／rom&nd
c ：請參照P119
d ：塑型眉彩，#C01／CELVOKE
e ：請參照P88
f ：輕肌漂染頰彩，#11／LAURA MERCIER JAPAN
g ：愛心鏡面唇釉，#VELVET TYPE／DHOLIC

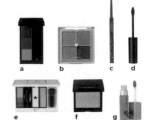

活用單眼皮彩妝術

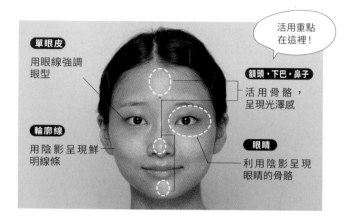

活用重點在這裡！

單眼皮
用眼線強調眼型

輪廓線
用陰影呈現鮮明線條

額頭‧下巴‧鼻子
活用骨骼，呈現光澤感

眼睛
利用陰影呈現眼睛的骨骼

活用眼型，打造性感的陰影妝

活用單眼皮，用眼線在眼尾處暈開成曲線，眉毛下方到鼻根處加入陰影。就完成性感有陰影的眼睛。重點色放在眼妝和口紅，調整整體的均衡。

活用單眼皮妝的技巧

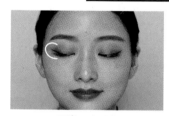

眼線‧睫毛膏

用b的眼線液從中間到眼尾畫曲線，a4的眼影收尾色暈開眼線，讓單眼皮線條更顯美麗。用c的濃密型睫毛膏刷在眼尾，強調眼神。

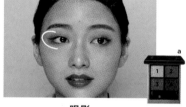

眼影

用a2的橘咖色在眼尾畫出層次展現性感。下眼皮的眼頭部分用a1的米色來打亮，混合a3的亮橘色和a4的收尾色畫在眼睛中間到眼尾。請注意眼尾不要太下垂。

唇妝

用f清楚畫出嘴唇輪廓，加深性感嫵媚。深紅色給人流行印象。

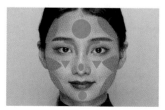

陰影‧打亮

陰影

打亮

從眉頭下方到鼻根用d畫陰影，強調眼睛骨骼。輕輕地畫在輪廓線以呈現鮮明線條。用e打亮，畫在額頭、鼻尖、臉頰和下巴，加深骨骼和光澤感。

曲線的眼線和深色口紅，
時下流行妝完成！

淡淡的腮紅，用眼妝和口紅來強調色彩，
完成酷酷的、
性感的單眼皮妝。
重點在陰影和打亮活化了眼睛的氛圍。

黑色上衣／模特兒的私人物品

〈推薦主要使用的化妝品〉

a：晶采盈緻眼彩盤，#02／SUQQU
b：請參照P78
c：請參照P82
d：請參照P133
e：金緻美肌粉，#01 PING BROWN／
　　　BOBBI BROWN
f：絕對經典唇膏，#2912／NARS JAPAN

修飾肉肉蒜頭鼻的彩妝術

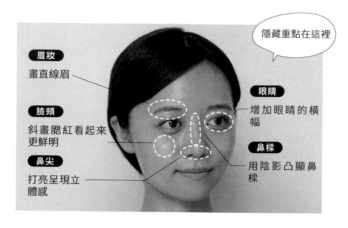

隱藏重點在這裡

眉妝
畫直線眉

臉頰
斜畫腮紅看起來更鮮明

鼻尖
打亮呈現立體感

眼睛
增加眼睛的橫幅

鼻樑
用陰影凸顯鼻樑

重點在鼻周的陰影和打亮

苦惱於塌鼻、鼻頭圓的人,建議在鼻樑兩旁、眉下到鼻根、鼻尖加入陰影和打亮。藉由光和影來強調骨骼。營造清晰的鼻線,美人度UP。

隱藏圓鼻妝的技巧

打亮

眼尾用**b3**的紅色眼影畫出圓形層次,呈現縱幅的同時也更顯成熟。用**c**的眼線液畫出眼尾微翹的眼線,睫毛膏刷眼尾,營造嫵媚眼神。

眉妝

用眉彩餅描畫直線輪廓,**a**的眉筆調整輪廓,眉毛即呈現清晰的美人眉。用深棕色畫出有力度的中粗眉,以加深眼睛的印象。

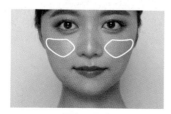

腮紅・唇妝

用**e**的腮紅斜斜地從耳旁加入。用**g**的口紅在上唇畫直的輪廓線,嘴唇緊緻了,圓鼻頭就不那麼明顯了。

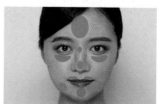

陰影・打亮

陰影

打亮

用**d**的陰影修容餅,從鼻翼、鼻根兩旁到眉毛下方,沿著眼窩凹處畫以強調骨骼。用**f**在額頭、鼻根、鼻尖和顴骨打亮以呈現立體感,隱藏圓鼻。

高挺的鼻樑，
美人度UP妝

在鼻子畫陰影和打亮能使鼻子看起來高挺，
其他部位也同樣立體鮮明的話，
就是個美人臉了。
眼線微翹，直線的中粗眉使整個臉部更加緊緻清晰。

酒紅色上衣／LAGUNAMOON
LUMINE 新宿
項圈、耳環／enjoueel

〈推薦主要使用的化妝品〉

a：請參照P.60
b：色影迷棕眼影盒，#BR-4／KATE
c：進化版持久液體眼線筆EX 2.0，#BR-2／KATE
d：請參照P133
e：請參照P133
f：請參照P133
g：高著色天然潤唇膏，#06 PLUM RED／
NATURESWAY

a b   c   d   e   f   g

活用肉肉蒜頭鼻的彩妝術

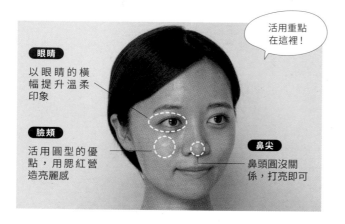

活用重點在這裡！

眼睛
以眼睛的橫幅提升溫柔印象

臉頰
活用圓型的優點，用腮紅營造亮麗感

鼻尖
鼻頭圓沒關係，打亮即可

**鼻子圓就圓！
其他部位以
可愛妝呈現**

活用圓鼻本身的優點，其他部位同樣也以圓來呈現可愛妝容。下垂的眼線、心型的腮紅，整體呈現溫柔印象，受人喜愛容顏完成了。

活用圓鼻化妝術

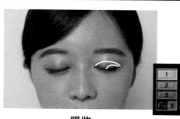

眼妝

眼影用**b2**的基礎色橫向畫在整個眼窩上，中間到眼尾畫出層次感。再用**b4**的收尾色細細地畫在雙眼皮的位置。用**d**的眼線畫微下垂的眼線，整體呈現溫柔氛圍。

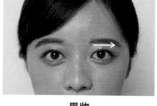

眉妝

眉毛上部的眼尾上方用**a**畫眉山，下部的輪廓則與眼睛平行，呈現可愛印象。眉頭的重點是用眉彩餅輕畫，讓左右兩邊眉頭看起來不那麼近。

腮紅・口紅

用**f**的腮紅在黑眼圈的外側畫心型腮紅，給人活潑的印象。口紅則搭配腮紅選擇珊瑚色系的**g**，整體呈現清新亮麗感。

打亮

鼻子不加鼻影，只用**c**打亮以呈現光澤感。打亮粉刷在額頭、鼻尖、下巴，呈現明亮清爽感。

珊瑚色系為重點，
營造溫柔印象

重點在臉上所有部位皆用圓形的化妝技巧來呈現！
顏色因用清新亮麗的珊瑚色，可愛好感度爆表！
也因為其他部位都畫圓，
圓鼻頭就不那麼明顯，給人溫柔印象。

黃色上衣、耳環／造型師的
私人物品
項鍊／jouete

〈推薦主要使用的化妝品〉

a：請參照P60
b：巧克力甜心五色眼影盤，#022／RIMMEL
c：請參照P88
d：絕色完美眼線液眼線筆，#RL04／EXCEL
e：請參照P135
f：花漾腮紅，#08甜瓜橘／CLINIQUE
g：奶油霧面唇膏，#M002 TIMELESS／hince

修飾寬眼距的彩妝術

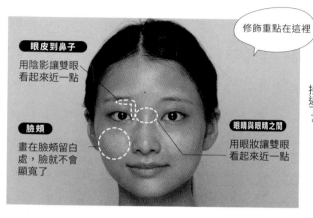

修飾重點在這裡

眼皮到鼻子
用陰影讓雙眼看起來近一點

臉頰
畫在臉頰留白處，臉就不會顯寬了

眼睛與眼睛之間
用眼妝讓雙眼看起來近一點

用親膚的粉棕色，眼睛自然靠近

有的人為了隱藏雙眼太開的問題，就會用黑色眼線，但這麼做反而不自然，眼睛看起來變小。請用粉棕色的眼線以く字將眼頭匡起來，在相同範圍內也畫上眼影，自然地雙眼看起來就會比較接近了。

隱藏雙眼太開的化妝技巧

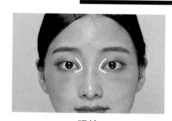

眼線

上眼皮用**a**的粉棕色眼線膠筆畫細眼線，因強調眼頭，眼尾要長一點。下眼皮則從眼頭到黑眼圈內側畫く字，眼睛看起來自然靠近。

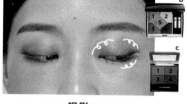

眼影

用**b2xb5**在靠近眼頭的地方畫出層次，因強調內側，眼睛自然接近。用**c2**畫在靠近眼頭處，眼睛自然地向內側靠近。用**d**的橘色睫毛膏刷出時尚氣質。

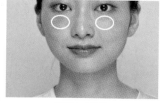

腮紅・唇妝

用**f**腮紅畫在臉頰內側。口紅則選**g**的橙橘色，讓眼睛和口紅呈現一致感。重點在使用增添脫俗感且具有光澤的化妝品。

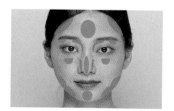

● 陰影

● 打亮

陰影・打亮

用**h**從眉頭凹處到鼻根加入陰影以強調骨骼。輪廓線則配合骨骼在留白處畫弧型。用**e**的打亮粉在額頭、眼尾、鼻尖、下巴畫圓打亮。

善用眼影以營造自然的窄眼距臉

除了眼睛以外，
都用腮紅和陰影畫在臉上留白處以隱藏雙眼太開的問題。
因此，雙眼看起來就會接近臉中央，也有很好的小臉效果。
眼妝、唇妝都以磚紅色呈現一致感，變身為自然的時尚氣質美人。

上衣、耳環、戒指／
全是我的私人物品

〈推薦主要使用的化妝品〉

a：請參照P80
b：DIOR DUNK KRULL COUTURE 649 NUDE DRESS／PARFUMS・CHRISTIAN・DIOR
c：四色眼影盤，#560 STYLISH／REVLON
d：魅光藝采睫毛膏，#02／THREE
e：請參照P88
f：柔礦迷光腮紅，#HUMOUR ME／MAC
g：光澤柔滑唇釉，#07／IPSA
h：請參照P88

活用寬眼距彩妝術

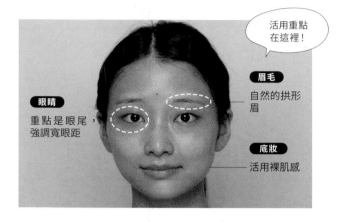

活用重點
在這裡！

眼睛
重點是眼尾，
強調寬眼距

眉毛
自然的拱形眉

底妝
活用裸肌感

**重點放在
拱形眉和眉尾，
強調寬眼距**

因為寬眼距看起來年輕稚氣未脫，就利用這點將眼線畫在眼尾，強調寬眼距的眼睛讓人容易親近。不畫陰影也就沒有立體感，但裸肌感的底妝更顯清純。

活用雙眼太開的化妝技巧

眼妝

用**c4**的無光澤粉色畫在整個眼窩，眼頭和眼尾用**c5**的深粉色畫出層次。用**e**從中間往眼尾畫眼線，**b**的睫毛膏也只刷眼尾以活用寬眼距。

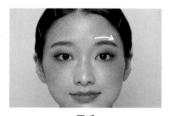

眉毛

用**d**的眉彩餅在眉毛的正中間畫弧線畫成拱形眉。重點在於自然優雅的印象。眉頭也要畫出輕蓬感，而較開的左右眉可以用眼妝取得平衡。

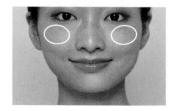

腮紅・口紅

將略帶光澤的**f**粉紅色腮紅圓圓地畫在黑眼圈外側，增添可愛度。重點在用**g**的光澤係口紅畫出水潤彈性的嘴唇。

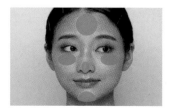

底妝・打亮

用**a**的飾底乳消除暗沉，粉底薄薄地塗抹以呈現裸肌感。用**h**在額頭和臉頰畫圓打亮。鼻尖和下巴也要打亮，以強調凹凸感。

活用可愛的寬眼距，
畫清純感的妝

重點放在離臉部中心稍遠的妝，
這強調寬眼距的妝反而給人年輕的印象。
選擇粉紅色或是有光澤感的裸色系，
更加凸顯可愛度。

白色上衣／LAGUNAMOON
LUMINE 新宿
耳環／造型師的私人物品

〈推薦主要使用的化妝品〉

a：透亮妝前乳ROSY GLOWRIZER／COSME DECORTE
b：速捲持久睫毛液，#BR／CANMAKE
c：璀璨星沙十色眼影盤，#09夢幻花海／CLIO
d：請參照P60
e：請參照P78
f：雲霧腮紅，#00533／NARS JAPAN
g：請參照P103
h：請參照P88

Before

妝花了……

T字部位泛油光，毛細孔很明顯。讓人看起來感覺疲憊不堪的樣子……。

梶惠里子流
補妝的方法

出門在外想要補妝，總希望簡單快速。因為T字部位容易因化妝而泛油光、脫妝，重點就在以此為主來補妝。最後再以腮紅、口紅增添亮麗感，簡簡單單就補完妝了。

補妝的HOW TO

1

用乾淨的手溶解毛細孔的油脂

為能輕鬆拭去油脂，用手指在鼻子上搓一搓以溶解油脂。

確實拭去鼻翼周圍油脂

2

用面紙拭去油脂

用面紙輕輕地拭去臉上油脂。只需輕壓就行了。而吸油面紙會因為吸走過多油脂，所以不建議使用。

毛細孔不見了！

3

抹粉底

用粉餅輕輕地塗抹鼻翼，整個臉部也薄薄地塗抹，調整肌膚色差。

眼睛又明亮了起來！

after　before

4

補眼頭脫妝

臉部中央的眼頭最容易脫妝，眼睛就顯得無光，因此，用亮色眼影從眼頭畫到黑眼球正中間，以呈現明亮感。

COLUMN 4

148

使用的化妝品

請參照P52　　　請參照P84

※腮紅和口紅就用當天用的化妝品來補妝。

補妝重點

1. 確實拭去
毛細孔出油
之後在
塗抹粉底

2. 用亮色眼影
修補眼睛無光

3. 補腮紅增加
好氣色！

6

塗口紅

口紅也要補。塗完後再用面紙抿一下就行
了。

5

補腮紅以增添好氣色

經過一段時間後，腮紅也容易脫妝，只需
用腮紅刷輕輕地刷在臉頰即可。

補好妝了

眼睛恢復光亮，血色感ＵＰ！臉上的油光也沒了！

卸妝的重點

1. 纖細的眼睛
要用專用
卸妝乳卸妝

2. 鼻翼等令人在意的
毛細孔張開的地方
更要仔細卸妝

3. 沖洗乾淨
後用面紙輕擦

梶惠里子流
卸妝的方法

卸妝最重要的在於不殘留油性成分。
但是，用力摩擦肌膚卸妝卻是大NG。
重點是輕輕地溶解臉上卸妝乳來卸妝。

メイク落としのHOW TO

C O L U M N 5

重點卸妝

接著同樣用卸妝乳卸除眼妝、口紅。因為
是臉上較纖細的部位，請輕壓溶解卸妝
乳。

卸除睫毛膏

用睫毛膏專用的卸除液，從睫毛根部刷到
睫毛前端卸除乾淨。

卸除全臉的彩妝

卸妝乳倒在手上，從臉部中心輕輕向外側
畫圓按摩溶解卸妝乳。

抹卸妝乳

抹上卸妝乳，卸除睫毛膏。

150

選擇卸妝乳的方法

建議選只需輕輕就會溶解，並含有滋潤成分的卸妝乳，
而且洗後肌膚不緊繃又保濕。

a：花漾美姬一刷睫淨睫毛膏卸除液／KISSME
b：西柚橙花淨化潔面乳／JOHN MASTERS ORGANICS
c：淨化卸妝油／FANCL

用面紙擦乾

面紙折4折，輕輕地擦去水分。因為用毛巾
的話會直接摩擦肌膚，建議用面紙就能輕
輕地擦乾了。

仔細卸除鼻翼上的彩妝

毛細孔、油脂多的地方要仔細地溶解卸妝
乳以卸除彩妝。

卸完妝了！

眼睛也確實卸完妝，肌膚也水潤清爽！之
後再依序用化妝水、乳液，美容液保養肌
膚！

用溫水洗淨

彩妝浮起來之後，用溫水洗淨。洗的時候
也不要摩擦肌膚，溫柔地沖水即可。

愛不釋手！每天都用！

梶惠里子
彩妝愛用品大公開！

這裡將介紹好用且愛不釋手的化妝品！
對於每天使用各種化妝品的我來說，
每一項都是用起來超級舒服、各種場合皆適用的寶物！

BB霜

抹完後呈現光澤感肌膚，卻不易沾染在口罩上的神奇BB霜。短時間內就可上妝，完美遮瑕！而且用一般肥皂或洗面乳就可洗淨。

不易沾染在口罩上的BB霜

心機星魅BB霜／MAQuIlAGE

遮瑕膏

長斑或是痘疤用CORRECT遮瑕疵，黑眼圈或是暗沉等就用BRIGHTEN提亮。

條狀遮瑕膏，不同質感的，很好用

極致雙效遮瑕提亮筆，#0.5N／LAURA MERCIER

蜜粉

透明的粉末，提高粉底的密著度，維持肌膚的光澤及清爽。推薦重點之一是不易沾染在口罩上。

不易沾染口罩的蜜粉

裸光蜜粉餅，#N5894／NARS JAPAN

粉底

介於半無光和半光澤之間的絕妙質感。與肌膚的密著度高，不易泛油光。長時間下來也不易脫妝的粉底。

無法補妝的那天使用！推薦

持久無瑕裸光氣墊粉餅，#004／REVLON

眼影、陰影、打亮

用來打陰影或是畫眼影都ＯＫ，補妝也是相當方便的品項。打亮的珍珠色也提升了透明感，評價很高好化妝品。

鼻子看起來自然又高的鼻影彩盤

日本Jelsis x Kajieri四合一彩妝盤眉粉高光鼻影修容／Jelsis

隱藏毛細孔

不僅撫平毛細孔，也是隱藏毛細孔的品項。具潤澤感的底妝，鼻翼也不易乾燥。

推薦肌膚乾燥、毛細孔粗大、毛細孔凹凸不平的人使用

毛孔柔霧隔離霜，#03／RMK Division

腮紅

約在5年前進入我口袋名單中的腮紅。有點像硬一點的奶油的質地，但塗抹在臉上卻像粉餅般的親膚。

抹上的瞬間就有美肌的感覺，高品質的粉質腮紅餅。會有超越濾鏡效果的錯覺。是一款美肌腮紅（笑）。

顏色持久，不需補妝

微醺雙色頰彩霜／INTEGRATE

擁有好氣色非常漂亮的腮紅

炫色腮紅，#4078／NARS JAPAN

眼線

緊貼眼皮，筆芯的粗細、軟硬適中！建議重要節日，或是容易脫妝的度假時光使用。

顏色接近粘膜色，眼睛看起來自然明亮，不會給人雙眼無神的印象。

顏色好搭，不易暈開

柔滑貼服防脫眼線膠筆，#PEACH BROWN／D-UP

眼睛看起來大又亮自然不做作，

絕不失手眉筆，#2紅棕灰／ETTUSAIS

保溫噴霧

覺得肌膚乾燥時噴一噴含有美容成分的噴霧，能讓肌膚保濕有光澤。

天然保濕透亮的噴霧

彈潤瞬效超微噴霧／ELIXIR

口紅

滋潤保濕卻不會沾染在口罩上。質地清爽、顏色持久、顏色種類也相當豐富！

不易沾染口罩的口紅

怪獸級持色唇膏，#03暖陽奶茶／KATE

睫毛膏

不易結塊且能刷出弧度漂亮的睫毛。尤其是色號BR的溫柔棕，不易暈開且眼睛看起來更顯溫柔。

能長時間維持漂亮弧度的睫毛膏

睫毛復活液，#BR／CANMAKE

不可不知！化妝用語解說集

從本書中曾登場的用語中挑選出不可不知的關鍵詞。了解並記住它就能在化妝時活用！

眼窩

眼球和骨頭之間的凹處。指上眼皮的眼頭到眼尾的半圓型狀的地方。

陰影妝

利用陰影修容餅或打亮粉，讓臉呈現立體感的妝。五官變深邃的同時也具有小臉效果。

內眼線

畫在睫毛下的眼線。重點是像把睫毛和睫毛連結起來的線條。

層次

主要是眼影的塗抹方式的兩種以上顏色，畫出階梯式的濃淡暈染變化。

三角區

位在眼睛下方的區域。用藍色、紫色的色。修正肌膚暗沉等。重現裸肌感的化妝品。

透明感

特徵是完妝後呈現透明感。自然柔和的色澤，建議用在自然妝。

果凍狀

有如果凍般Q彈的質地，比乳霜清爽。呈現濕潤般的光澤感。通常是指眼影、眼線為多。

陰影

畫在輪廓線、眼皮、鼻翼等臉部陰影處以呈現陰影。

CC霜

擔任一瓶抵過「飾底乳用到粉底」的角色。修正肌膚暗沉的狀況。

C字部位

眉毛以下到黑眼球下方的區域。此處用飾底乳補正膚色、打亮等，將呈現亮麗印象。

蓋印章式畫法

畫眉毛的方法之一。用眉刷像蓋印章般地畫眉毛，可填補眉毛間的縫隙。

中顏面

眉毛到鼻尖之間的區域。臉長的人，多數這地方也會顯得長。

T字部位

額頭、眉間、鼻樑處。因為是皮脂分泌較多的地方，容易變成油性肌的區域。

染色

特徵是宛如染上了顏色。多用在口紅、腮紅的功效。雖然容易乾燥，但顯色佳也持久。

光澤

宛如從肌膚內散發出來的滋潤質感。多用在飾底乳、粉底、眼影、口紅等。

臥蠶

沿著下眼皮的眼球突起的地方。這裡微凸的話，會有眼睛圓亮、惹人喜愛的妝容效果。

打亮

用在額頭、鼻樑、顴骨，下巴等想要有立體感和高度時。也會提升光澤感。

山根

介於眉間的鼻樑處。

珍珠色

特徵是高雅、耀眼。多用在飾底乳、粉底、眼影、腮紅、口紅等。想要增添自然透明感時，用了它更顯燦爛耀眼。

BB霜

擔任一瓶抵過從飾底乳用到粉底的角色。遮瑕力佳。也能解決黑斑、雀斑等煩惱。

無光澤

沒有光澤，如陶器般沒有凹凸的質感。多用在飾底乳、粉底、眼影、口紅等。

眉頭

最靠近臉部內側的眉毛。畫眉毛時要從眉毛中間眉頭的方向畫。

眉尾

眉毛最外側的部分。想要眉毛長一點，眉尾就在鼻翼到眼尾的延長線上，想要眉毛短一點，眉尾就在嘴角到眼尾的延長線上。

眉山

眉山和眉尾間最高的地方。原則上是位在黑眼球外側到眼尾之間。

U字區域

相對於T字部位，「U字區域」是指臉頰到下巴之間的地方。皮脂、水份分泌較少且容易乾燥。

霧面珠光

呈現耀眼閃爍，奢華氛圍的質感。建議用在重點妝。

後　記

衷心感謝您看完本書！

本書收錄了至今在社群軟體和YouTube發佈的「梶惠里子化妝法」。

找出適合自己的妝很難，

但在了解基礎之後就發現意外地簡單真開心！我很高興您們有這樣的感覺。

化妝不只是隱藏自卑、遮掩缺點。

自認為是煩惱的地方，或許就是別人羨慕的地方。

化妝應該是愉快地展現自己本身的個性。

我在確立自己的化妝法之前，也曾將重點放在隱藏缺點上，

最後發現，若就這樣會變得一直都是畫出同樣的妝。

從此之後，就不斷研究發揮自己個性的妝的方法，變化也越來越多了。

正因為研究了很多很多，化妝才真的開心，也才發現全新的自己。

失敗了也沒關係！只要不斷地修正即可。

不要逃避「這妝好難畫……」「那個顏色不適合我的膚色」，找出全新的自己！

請務必參考本書多試著挑戰各種不同的妝，找出全新的自己！

今後，如果「梶惠里子化妝法」能對各位有一絲幫助，將深感榮幸。

梶惠里子

上衣 / 造型師私物，飾品 / enjoueel

繁星旋轉眉筆

◆色彩選擇多元◆
隕石棕黑、恆星深棕
雙星駝色、分子雲灰

◆功能特色超強◆
科技三角造型設計，搭配專業螺旋眉刷，
採用獨特顯色配方。
三角眉筆的角度可大面積填補顏色，
且符合眉型描繪。
筆芯粗而柔軟且不結塊、不易折斷、滑順好畫，
筆芯與眉刷的雙頭設計，
不只外出攜帶方便，也很適合畫眉初學者。

KALLIE STARR

多色系眼妝專家，
引領全球獨創「星空系彩妝」！
使用日本特殊工藝，
抗暈防水超持久、細緻滑順易上手。
國際級精品專櫃質感，
專注多色與特殊色彩眼妝品，
獨具色感魅力，
深受年輕世代時尚潮女青睞。

The Milky Way floats and rotates while breathing.

The planet flashes back in a twinkling.

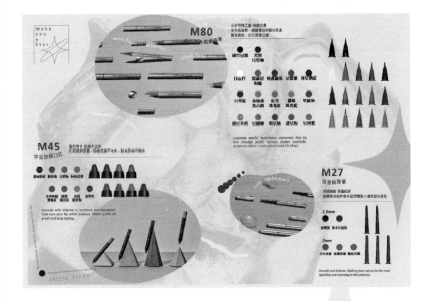

每位女性都能夠輕鬆擁有並展現自我個性風格的彩妝！
就像我們在探索無盡的宇宙，
每一個星球、每一道光、
每一個星空及不同顏色的星球、星團，
這些構成元素所呈現的風格都獨一無二，
每位勇於嘗試展現自信都與眾不同，
當妳閃亮出場，妳就自是宇宙中心最美麗的存在！

Make
you
a
Star

台灣廣廈 國際出版集團
Taiwan Mansion International Group

國家圖書館出版品預行編目（CIP）資料

【定格圖解】臉型分析 × 自然彩妝術：日本YT網紅彩妝大師首
次傳授魔鬼細節，教你用最簡單的工具與步驟「打造清透膚質、
放大五官優勢、煥發動人神采」，畫出漂亮自信的完美妝容/梶
惠理子著. -- 初版. -- 新北市：瑞麗美人國際媒體, 2023.05
　面；　公分
ISBN 978-626-96742-3-7（平裝）

1.CST：化粧術 2.CST：美容
425.4　　　　　　　　　　　　　　　　112003145

💜 瑞麗美人

【定格圖解】臉型分析 × 自然彩妝術

日本YT網紅彩妝大師首次傳授魔鬼細節，教你用最簡單的工具與步驟「打造清透
膚質、放大五官優勢、煥發動人神采」，畫出漂亮自信的完美妝容

作　　　者/梶惠理子　　　　　　編輯中心編輯長/張秀環・編輯/陳宜鈴
翻　　　譯/王淳蕙　　　　　　　封面設計/張家綺・內頁排版/菩薩蠻數位文化有限公司
　　　　　　　　　　　　　　　　製版・印刷・裝訂/皇甫・秉成

行企研發中心總監/陳冠蒨　　　　線上學習中心總監/陳冠蒨
媒體公關組/陳柔彣　　　　　　　數位營運組/顏佑婷
綜合業務組/何欣穎　　　　　　　企製開發組/江季珊

發　行　人/江媛珍
法律顧問/第一國際法律事務所 余淑杏律師・北辰著作權事務所 蕭雄淋律師
出　　　版/瑞麗美人國際媒體
發　　　行/蘋果屋出版社有限公司
　　　　　　地址：新北市235中和區中山路二段359巷7號2樓
　　　　　　電話：（886）2-2225-5777・傳真：（886）2-2225-8052

代理印務・全球總經銷/知遠文化事業有限公司
　　　　　　地址：新北市222深坑區北深路三段155巷25號5樓
　　　　　　電話：（886）2-2664-8800・傳真：（886）2-2664-8801
郵政劃撥/劃撥帳號：18836722
　　　　　　劃撥戶名：知遠文化事業有限公司（※單次購書金額未達1000元，請另付70元郵資。）

■出版日期：2023年05月
ISBN：978-626-96742-3-7

MAKE YA PARTS HE NO NAYAMI GA IKKINI KAIKETSU!
SHIRITAI KOTO ZENBU SHITTE KAWAIKUNARU MAKE NO KYOKASHO
©Kajieri 2022
First published in Japan in 2022 by KADOKAWA CORPORATION, Tokyo. Complex Chinese translation rights arranged with
KADOKAWA CORPORATION, Tokyo through Keio Cultural Enterprise Co., Ltd.